半导体中的氢

崔树范 著

科学出版社

北京

内 容 简 介

本书系统扼要地介绍了从20世纪70年代直到近年来国内外关于半导体中氢的研究成果。内容涵盖从半导体中氢原子与氢分子的红外或拉曼光谱测定和氢致缺陷形成机理研究，到半导体中氢的基本性质和重要效应。后者包括含氢复合物，杂质与缺陷的钝化，氢引起半导体的表面金属化或磁性以及导电性的改变；特别是关于半导体中氢能级排队和化学键重要概念，以及氢在半导体表面重构中的作用等近年来新的研究进展，能使读者从电子层面深入地理解氢对材料的电子和结构性质具有强烈的和重要的影响。本书涉及很多具有应用价值的新型功能电子材料的研究成果。

本书适合相关专业的本科生、研究生及电子材料和器件研制人员作为参考书。由于叙述深入浅出并涉及氢原子与其他物质相互作用的许多有趣独特性质，因此本书也适合广大科学爱好者阅读。

图书在版编目（CIP）数据

半导体中的氢／崔树范著. —北京：科学出版社，2018.3
ISBN 978-7-03-056492-4

Ⅰ. 半… Ⅱ. 崔… Ⅲ. 氢-半导体材料-研究 Ⅳ. ①TN304.1

中国版本图书馆 CIP 数据核字（2018）第 021638 号

责任编辑：钱　俊 / 责任校对：邹慧卿
责任印制：张　伟 / 封面设计：迷底书装

科学出版社出版
北京东黄城根北街 16 号
邮政编码：100717
http://www.sciencep.com

北京虎彩文化传播有限公司 印刷

科学出版社发行　各地新华书店经销

*

2018年 3 月第　一　版　开本：720 × 1000　B5
2019年 1 月第三次印刷　印张：9
字数：167 000

定价：68.00元

（如有印装质量问题，我社负责调换）

序　言

《半导体中的氢》一书是崔树范先生的一部力著。崔树范先生早年就读于吉林大学，毕业后一直在中国科学院物理研究所从事X射线晶体学的研究，期间他曾去国外的研究机构深造。他多年来从事晶体结构测定和缺陷产生及性质的研究，获得了很多有意义的成果。在他的研究工作中关于半导体中氢的研究具有较特殊的意义。我个人认为这一工作的结果至今对学术界和产业界仍然具有一定参考价值。

半导体中氢的性质特殊，决定了它对材料和器件的性能和稳定性具有重要的影响。如果没有氢的存在，就不会有太阳能电池类非晶态基的器件、大面积二维扫描仪和平板显示器；但是，氢的存在也会引起新的缺陷的形成，会给材料或器件带来不良的影响，如硅单晶中的氢致缺陷(氢沉淀物、位错等)。氢致缺陷不局限于硅，也可能出现在锗、碳相关半导体和各种化合物半导体中，因此对氢在半导体中的形态、性质和效应深入地理解，仍然具有现实意义。特别是，通过基础性研究深入了解半导体中氢的基本性质及各种效应，以便提高材料和器件的性能。因此，关于半导体中氢的问题仍然既有学术价值，又有应用上的需求。

举例来看，崔树范先生参加了中科院物理所晶体缺陷组和当时的冶金部的联合攻关。他们应用X射线形貌技术，发现在氢气氛下用浮动区溶法生长的硅单晶(以下简称氢气区溶硅单晶)热处理后形成的位错线组呈“雪花”状，确定其为“氢致缺陷”。这一结果促使国内产业界改变了工艺路线，尽量采用非氢气氛的工艺生产硅单晶，为我国硅单晶生产工艺的改进，做出了一定的贡献。

半导体中的氢一直是一个重要的课题，直至20世纪末，国内和国际上关于半导体中的氢的丰富的研究成果，已有一些书籍分别做了总结。本书除了把作者及合作者获得的有关结果做适当的介绍外，还重点推介了国内外多年来的基本研究成果及最新发表的研究成果，其中包括最近十几年热门并具有潜在应用价值的材料，如碳化硅、氮化镓、石墨烯等中的涉氢问题。应该指出进入新世纪以来半导体中的氢的研究工作仍持续地受到关注，并取得了许多新的进展。因此本书的出版对读者有一定的参考价值。

全书共三篇。第一篇半导体中氢的鉴别和氢致缺陷，主要介绍了氢气区溶硅单晶中硅氢键的红外吸收谱，硅单晶中氢致缺陷的形成机理，氢气区溶硅单晶中氢沉淀的X射线衍射动力学理论和实验研究，早期氢致缺陷的X射线衍射统计动力学理论和实验研究，最后是关于半导体中分子氢及相关缺陷。第二篇半导体中氢的基本性质，主要讲述半导体中孤立间隙氢理论，含氢复合物、Ⅲ-Ⅴ和Ⅱ-Ⅵ族半导体中氢的性质，半导体中氢的电子结构和能级，以及氢的化学键及其对材料性能的影响。第三篇半导体中氢的重要效应和相关应用，主要讲述氢与其他杂质和缺陷的相互作用，电活性杂质和缺陷的氢致中性化，氢致半导体性质改变及其应用，半导体表面的氢，氢致半导体和复合氧化物层改性。

毋庸讳言，我国半导体材料和器件的研制虽然起步较早，但从整体来看，至今仍是比较薄弱的环节。而要改善这种情况，需要各方面细致的基础性研究工作予以推进。希望通过本书，抛砖引玉，使更多的读者关注这一研究领域，或者说是使大家能在很短时间里了解该领域一些重要的已有成果，为我国的新材料和新器件的研制提供参考。

解思深
中国科学院物理研究所
2018年2月

前　　言

我们知道，氢是地球上甚至宇宙中含量最多的元素之一。氢与其他物质的相互作用涉及广泛的课题和领域。其中关于半导体中氢的问题，是国际上从20世纪80年代直到今天持续活跃的研究领域，期间所发表的文献数以万计。我想其原因有二。

其一，氢在半导体中无处不在。无论是元素半导体(如硅等)，还是化合物半导体(如砷化镓，碳化硅等)中，氢都会有意或无意地引入其中。我们说无意地是指在材料的生长或器件的制备中从气氛或工艺步骤的环境中引入半导体内，例如，通过所使用的氢化物气体AsH_3、SiH_4和NH_3，还有真空系统中残余的水汽进入半导体中，并且导致其性能的改变；而有意地例如通过质子注入或等离子体氢化等方法引入氢，通常是为了某种研究或应用上的需要。

其二，半导体中氢的特殊性质决定了它对材料和器件的性能和稳定性具有重要的影响。如果没有氢的存在，就不会有太阳能电池类非晶态基的器件、大面积二维扫描仪和平板显示器；但是，氢的存在也会引起新的缺陷的形成[III,p1]，如氢致带隙态、二维缺陷和本书第一篇讲述的硅单晶中的氢致缺陷(氢沉淀物，位错)，氢致缺陷不局限于硅，而且出现在锗、碳相关半导体和各种化合物半导体中。氢致缺陷有时能使半导体中原有的电活性的杂质或缺陷中性化(钝化)，有时也会给材料或器件带来不良的影响。而如何趋利避害依赖于对氢在半导体中的基本性质和效应有较深入的理解。

因此，值得通过基础性研究深入理解半导体中氢的基本性质及各种效应，以便提高材料和器件的性能。以上两点可以说明关于半导体中氢的问题既有学术上又有应用上的驱动力。

由于一个偶然原因或者说一段历史公案使我进入半导体中氢的问题这一领域。20世纪七八十年代，我国有大约95%的硅单晶是在氢气氛下生长的。1978年，中国援外建设的一个采用氢气氛生长工艺的单晶硅厂，其生产的硅单晶热处理后出现一种异常缺陷。中科院物理所晶体缺陷组参加了当时冶金部与中国科学院的联合攻关。我们应用X射线形貌技术，发现在氢气氛下用浮动区熔法生长的硅单晶(以下简称氢气区熔硅单晶)热处理后形成的位错线组呈“雪花”状，为研究其形成原因，采用厚样品克服硅氢键的弱吸收，首次证实了氢气区熔硅单晶中存在硅氢键，得到硅氢键断裂与“雪花”缺陷产生相关的直接证据，确定为“氢致缺陷”。至此，国家攻关任务已基本完成，其结果是促使我们的领导层和厂家改变工艺路线，尽量采用非氢气氛的工艺生产硅单晶。当时有色金属司经常召开全国性的学术讨论会，许多单位包括当时的峨眉单晶硅厂、电子部十一所、洛阳单晶硅厂、有色研究总院、北京变压器厂和北京钢铁学院，以及中国科学院上海冶金所及技术物理所和北京的部分所，参加了样品制备和实验研究。

在后续研究中，我们对氢致缺陷的X射线截面形貌分别进行了X射线衍射动力学和统计动力学的理论和实验研究，并给出其形成和演变的过程。

至20世纪末，国内和国际上在半导体中的氢这一领域取得了丰富的研究成果，并通过书籍分别做了总结[Ⅰ-Ⅳ]。进入21世纪以来研究工作持续地受到关注，并取得了许多新的进展。目前国际上仍有理论或应用方面的需求在推动这项研究。因此，本书除了把作者及合作者获得的有关结果做适当的介绍，还重点推介国内外多年来的基本研究成果及最新发表的工作，其中包括最近十几年热门且具有潜在应用价值的材料，如碳化硅、氮化镓、石墨烯等，其中的涉氢问题当然远非全面地总结或涵盖所有材料和器件领域，仅希望它能对读者有一定的参考价值。

全书共三篇。第一篇半导体中氢的鉴别及氢致缺陷，共包括五章，分别介绍氢气区溶硅单晶中硅氢键的红外吸收光谱，硅单晶中氢致缺陷的形成机理，硅单晶中氢沉淀物的X射线衍射动力学理论和实验研究，早期氢致缺陷的X射线统计动力学衍射理论和实验研究，最后是关于半导体中的分子氢及相关缺陷。第二篇半导体中氢的基本性质，共包括五章，分别讲述半导体中孤立间隙氢理论，含氢复合物，Ⅲ-Ⅴ和Ⅱ-Ⅵ族半导体中氢的性质，半导体中氢的电子性质和能级，以及氢的化学键及其对材料性质的影响。第三篇半导体中氢的重要效应及相关应用，共包括五章，分别讲述氢与其他杂质和缺陷的相互关系，电活性杂质和缺陷的中性化，氢致半导体性质改变及其应用，半导体表面的氢及氢致半导体和复合氧化物层改性。据不完全了解，目前还没有这方面的中文专著。希望通过本书，抛砖引玉，使更多的读者关心这一领域的研究，或者说是使大家能在很短时间了解该领域一些重要的成果，为我国的新材料和新器件的基础性研究提供参考。

钱临照院士生前曾给予单晶硅中的硅氢键和氢致缺陷研究悉心指导。值此钱临照先生110周年诞辰之际，作者谨表衷心感谢和敬意。

中国科学院物理研究所解思深院士审阅了书稿、提出重要的修改意见，并为本书作序；中国科学院物理研究所李明研究员审阅了书稿；中国科学院物理研究所汤蕙研究员和北京瑞宝赛博技术有限公司高级顾问崔伟东等，在文献检索等方面提供大量帮助，在此谨对以上同志表示衷心的感谢。

崔树范

2016年7月于北京

参考书目

[Ⅰ] Pankove J I, Johnson N M. Hydrogen in Semiconductors(Semiconductors and Semimetals, Vol.34, Eds: Willardson R K, Beer A C). Academic Press (1991).

[Ⅱ] Pearton S J, Corbett J W, Stavola M. Hydrogen in Semiconductors.Springer-Verlag (1992).

[Ⅲ] Nickel N H. Hydrogen in Semiconductors II(Semiconductors and Semimetals, Vol.61, Eds: Willardson R K, Weber E R) Academic Press(1999).

[Ⅳ] Nickel N H, McCluskey M D, Zhang S. Hydrogen in Semiconductors. Mat. Res. Soc. Symp. Proc. 813, MRS (2004).

目　录

第二篇 半导体中氢的基本性质

第三篇 半导体中氢的重要效应及相关应用

第一篇　半导体中氢的鉴别及氢致缺陷

1975 年 Stein 发表用红外吸收(IR)谱测定质子注入后硅单晶表面层的硅氢键[1]，这是关于半导体中氢的研究的最早工作。由于在学术方面的极大兴趣和实际应用的重要性，从此国际上在这一领域开展了长期的研究[Ⅰ-Ⅳ]。但是有关半导体中分子氢的实验工作是在将近二十年后才发表[64,68,70,73]。本篇分别介绍关于原子氢和分子氢的鉴别及相关缺陷的研究。

第 1 章　氢气区溶硅单晶中硅氢键的红外吸收光谱

由于氢在硅材料中的重要作用，氢在硅中的位置和状态引起了许多学者的注意。Stein 用红外吸收谱测定了质子注入后硅单晶表面层的硅氢键[1]。Sakurai 和 Hagstrum 报道了氢在硅表面上吸附的键性质[2]。Singh 等[3,4]发表了硅中氢缺陷的理论计算结果，给出氢原子在晶格中稳定位置的各种可能模式。为了检验这一理论预计，最好是采用原生态的样品，这就是氢气区溶硅单晶(FZ c-Si:H)。我们对其进行了红外吸收光谱的分析。

1.1　FZ c-Si:H 样品红外吸收谱的首次实验测定[5]

实验在红外光栅光谱仪上进行。为克服硅氢键的弱吸收从而提高灵敏度，我们第一次测定时样品厚度取 70mm 以上；在仪器增益放大 5 倍时，也用过 22mm 厚的样品。图 1.1 为氢气区溶硅单晶的红外透过率随波长变化的曲线，三个吸收峰分别在 4.51μm，4.68μm 和 5.13μm 波长(即 $2219cm^{-1}$，$2131cm^{-1}$ 和 $1949cm^{-1}$ 波数)处。不同气氛浮区和 Czochralski 硅单晶的红外吸收曲线示于图 1.2。

显然，除氢气区溶硅单晶外均未出现上述三个吸收峰。对氢气区溶硅单晶样品，进行了不同温度热处理后的红外吸收曲线测定，结果示于图 1.3。如前所述，热处理前出现三个吸收峰；从室温到 660℃，除 4.68μm 峰略有增长外，其他氢气区溶硅单晶的两个峰基本没有变化；680℃时，所有的峰都已明显变小；704℃时，4.68μm 峰还留有残迹，其他两个峰已消失。图 1.4 为与 4.51μm 和 5.13μm 两峰相应的吸收系数随温度变化的曲线。在 660～704℃吸收系数陡然下降至零。

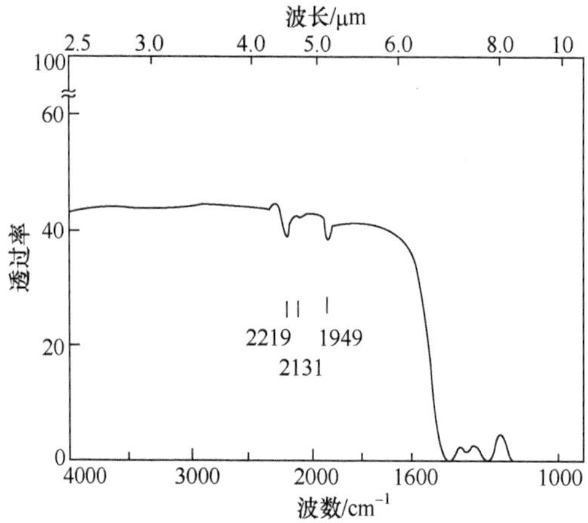

图 1.1 氢气区溶硅单晶的红外透过率随波长变化的曲线

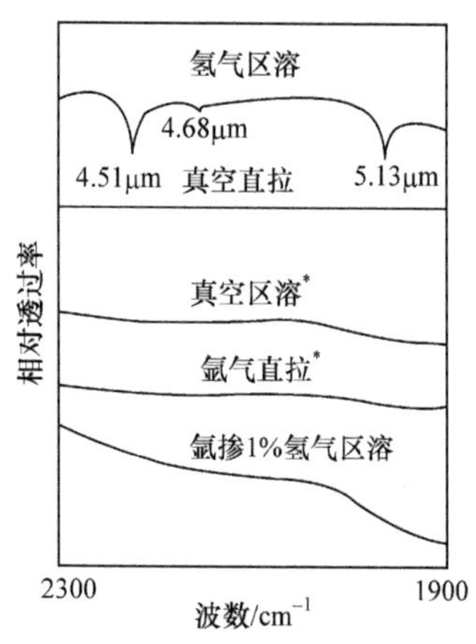

图 1.2 各种不同条件生长的硅单晶的红外透过率随波数变化的曲线

*该两条曲线系中国科学院上海冶金所实验结果

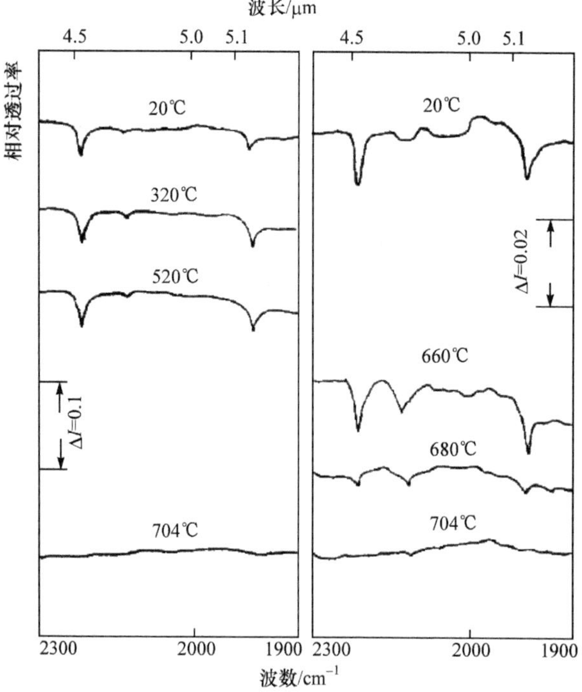

图 1.3 氢气区溶硅单晶不同温度热处理后的红外吸收曲线

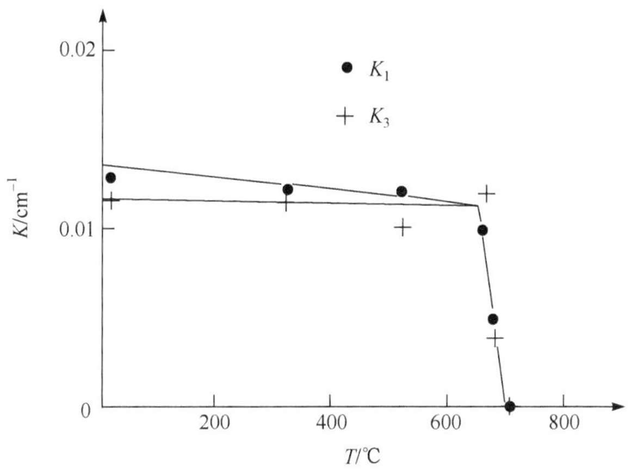

图 1.4　吸收系数 K 随温度变化的曲线

Stein 报道[1]，经 400keV $10^{16}H^{+}cm^{-2}$ 注入后的 1mm 厚硅单晶，其红外吸收曲线上，在 4.5～5.5μm 有七个吸收峰，退火后吸收峰的位置有所移动，但在 300～550℃稳定的是 4.53μm，4.63μm 和 5.11μm 三个吸收峰。这与我们在氢气区溶硅单晶上测得的三个吸收峰是基本一致的。

表 1.1 列出了前述我们实验测得的三个吸收峰相应的原子分子振动频率，与 Singh[3,4]等理论计算结果的比较，相差分别为 0.5%，0.1% 和 2%。

由此可以认为，在氢气区溶硅单晶上测得的 4.51μm，4.68μm 和 5.13μm 三个红外吸收峰，是氢处在硅晶格中三个不同间隙位置与硅形成硅氢键的吸收峰。根据初步测定，此硅氢键开始断裂的温度为 660℃左右，其最高存在温度与 Stein 测定的结果相同，在 700℃左右。

我们的结果，同质子注入样品的结果是有差异的。首先，室温时 Stein 测得七个吸收峰，而我们只有三个吸收峰。其次，Stein 测得的峰退火时位置多变，而我们测得的峰在 660℃以下则较稳定。这很可能是氢进入硅的条件不同所致。氢气区溶硅单晶中的氢，是在晶体生长的高温下，通过热扩散进入样品，尔后冷却“冻结”下来的；而质子注入硅片中的氢，显然是挤进去的，必然要引入一些缺陷。相对地说，前者更接近平衡态，后者则易形成不稳态和亚稳态。在红外吸收曲线上，前者只出现热稳定性较好的峰，后者除稳定的峰外还会形成一些热稳定性差的峰。

表 1.1 测试结果与 Singh 等理论计算的比较

<table>
<tr><th colspan="2">本工作结果</th><th colspan="3">Singh 等的计算结果</th><th rowspan="2">相差/%</th></tr>
<tr><th>吸收峰波长/μm</th><th>相应的振动频率/Hz×10^14</th><th colspan="2">状态模式</th><th>振动频率/Hz×10^14</th></tr>
<tr><td>4.51</td><td>4.18</td><td>无空位</td><td>两个氢原子处于六角间隙</td><td>4.156</td><td>0.5</td></tr>
<tr><td>4.68</td><td>4.03</td><td>无空位</td><td>一个氢原子处于四面体间隙</td><td>4.025</td><td>0.1</td></tr>
<tr><td>5.13</td><td>3.68</td><td>一个空位</td><td>一个氢原子处于反键间隙</td><td>3.77</td><td>2</td></tr>
<tr><td></td><td></td><td>无空位</td><td>一个氢原子处于六角间隙</td><td>3.164</td><td></td></tr>
<tr><td></td><td></td><td>一个空位</td><td>一个氢原子进入空位</td><td>3.263</td><td></td></tr>
<tr><td></td><td></td><td>一个空位</td><td>两个氢原子进入空位</td><td>4.430</td><td></td></tr>
<tr><td></td><td></td><td>一个空位</td><td>三个氢原子进入空位</td><td>5.547</td><td></td></tr>
<tr><td></td><td></td><td>一个空位</td><td>四个氢原子进入空位</td><td>6.640</td><td></td></tr>
<tr><td></td><td></td><td>两个空位</td><td>六个氢原子进入空位</td><td>6.390</td><td></td></tr>
</table>

1.2 FZ c-Si:H 红外吸收谱全谱段的测量

随着研究的不断深入，硅中氢的问题已深入质子注入硅[6–8]、非晶态硅[11,12,14,15]和氢气区溶硅单晶[9,10,13,18–22]。研究硅中氢的相关性质，IR 谱是常用的有效方法之一。从前面的叙述，我们已知道氢气区溶硅单晶相应于 Si—H 伸缩振动区的三个 IR 谱带[5]。我们进一步用 IR 差示光谱法分别测得四个键伸缩振动区域谱带及四个键弯曲和摇摆振动区域谱带[17]。

从氢气区溶硅单晶切下厚度为 5.045mm 的硅片(以下记为 c-Si:H)，同样厚度的硅片分别从在真空中和氩气氛中生长的硅单晶切下(分别记为 V-Si 和 Ar-Si)，作为参考样品。厚度的相对误差小于 0.001。将被测和参比样品分别放在 Perkin-Elmer 590B 光谱仪两条不同的光路上。

图 1.5 表示 c-Si:H 与 V-Si 之间的红外吸收差示光谱；c-Si:H 与 V-Si 或 Ar-Si 之间，Ar-Si 与 V-Si 之间的红外吸收差示光谱，分别由图 1.6 中的曲线 1，2 和 3 表示。注意在 $1005cm^{-1}$，$630cm^{-1}$ 和 $490cm^{-1}$ 处仪器光栅的变化。因此，$670cm^{-1}$ 处的中断可能是由空气中的 CO_2 所引起的。

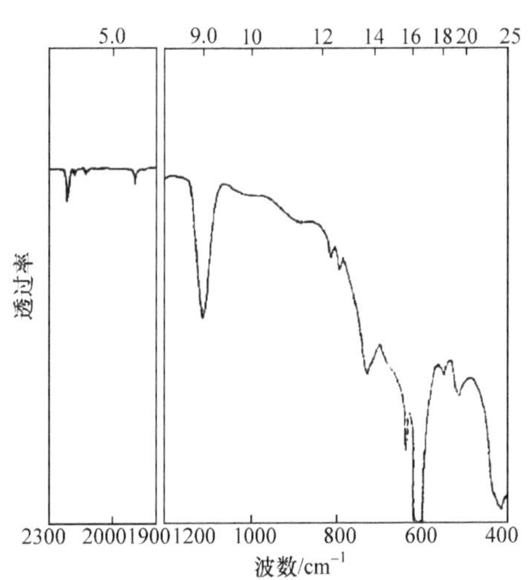

图 1.5　c-Si:H 与 V-Si 之间的红外吸收差示光谱

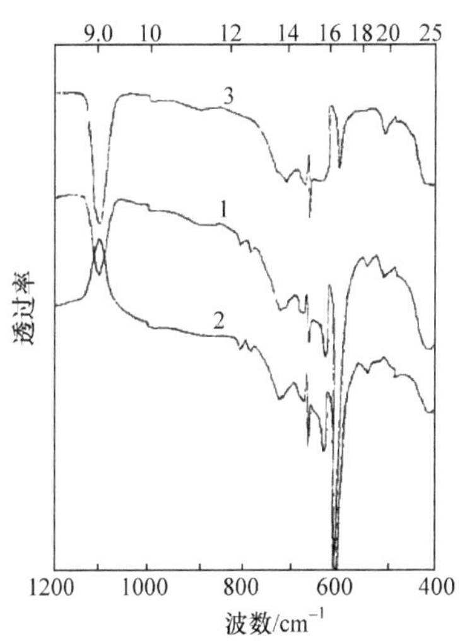

图 1.6　曲线 1：c-Si:H 与 V-Si 之间，曲线 2：c-Si:H 与 Ar-Si 之间，曲线 3：Ar-Si 与 V-Si 之间的红外吸收差示光谱

图 1.5 中 2300～$1900cm^{-1}$ 范围内有 $2210cm^{-1}$，$2178cm^{-1}$，$2124cm^{-1}$ 和 $1949cm^{-1}$ 四个谱带。两个相距 $60cm^{-1}$ 的 $2124cm^{-1}$ 和 $2178cm^{-1}$ 弱谱带以前分别被测到，这里它们是第一次同时被测到。差示光谱法能有效地抵消了干扰 Si—H 吸收峰的硅中固有振动吸收峰。

因此，硅氢弱吸收峰能被发现并加以放大。从图 1.6 得到 812cm^{-1}，791cm^{-1}，634cm^{-1} 和 548cm^{-1} 四个峰，是继在 2300～1900cm^{-1} 范围内观察到 Si—H 伸缩振动吸收峰之后，又在 1200～400cm^{-1} 区域内观察到的 Si—H 弯曲或摇摆振动吸收峰。伸缩振动是沿着成键的方向并使得原子间距离增大或缩小；弯曲和摇摆振动与键角∠H-Si-H 或∠H-Si-Si 的改变有关。

氢气区溶硅单晶与真空区溶硅单晶两者相减的 IR 差示光谱测定的吸收峰，即伸缩区的 2210cm^{-1}，2178cm^{-1}，2124cm^{-1} 和 1949cm^{-1}，以及弯曲和摇摆区的 812cm^{-1}，791cm^{-1}，634cm^{-1} 和 548cm^{-1} 一共八个吸收峰，应该作为氢气区溶硅单晶中 Si—H 振动的基本吸收峰给予更深入地研究。在后面的叙述中将看到，硅中某个 Si—H 振动中心给出的频率与其周围环境，即样品中所含有的其他杂质和缺陷有关。所以，同样是 FZ c-Si:H，若不同实验采用不同的样品，或实验方法有所区别，所得到的数据会有一些差别[II,p190–199]。

1.3 氢气区溶硅单晶红外吸收谱的鉴别

目前能够成功地统一解释固态硅中 IR 谱的是一种经验模型，就是把 Si—H 振动中心由{R}SiH_n集团所描述，n 为键级，{R}代表同 Si—H 键的 Si 原子接邻的所有元素的原子或缺陷。这是基于以下的事实：

固态硅中 IR 谱带同由 SiH_1，SiH_2，SiH_3 和 SiH_4 为基础构成的不同气体硅烷的 IR 谱带具有一一对应的关系，只不过有一个系统的频率移动(参见表 1.2)。

表 1.2

		ω_1^S	ω_2^S	ω_3^S	ω_2^B	ω_3^B	ω^W
文献[14]	SiH_4		2189		914	914	
	$(SiH_3)_2$		2179	2192	940	844	625

续表

		ω_1^S	ω_2^S	ω_3^S	ω_2^B	ω_3^B	ω^W
文献[14]	SiH_3-SiH_2-SiH_3		2180	2220	948	884	711
	$(SiH_3$-$SiH_2)_2$		2155	2210	935	870	694
	$(SiH_3)_3$-SiH	2050	2155	2210	935	879	695
	a-Si:H(溅射法)	2000	2085	2210	890	845	639
	a-Si:H(辉光放电)	2000	2095		895	855	640
文献[15]	a-Si:H	1985	2090		890	840	630
本工作	a-Si:H	1992	2094	2264			
	质子注入 c-Si	1959	2120				
	(经 200℃退火后)	1946	2155	2206			
	c-Si:H	1949	2124		812	791	634
			2178	2210			548

表 1.3 给出了晶态和非晶态硅中 Si—H IR 谱相对于亚硅烷相应谱线的频率移动为负值，这相当于自由分子放到固态基体时发生谱线的红移。这种由静场效应引起的振子的频移可以表示为固态的介电常数或折射率的函数，计算的结果得到$\Delta\omega/\omega$=0.03，基本符合实际的频移量,即晶态为 0.02，非晶态为 0.03(见表 1.3)[23]。

表 1.3

	ω_1^S	ω_2^S	ω_3^S	ω_2^B	ω_3^B	ω^W	ω^τ
a-Si:H1)	−50	−70	−90	−45	−35	−65	−50
$\Delta\omega/\omega$	0.02	0.03	0.04				
c-Si:H2)	−100	−40	0	−120	−85	−60	−20
$\Delta\omega/\omega$	0.05	0.02	0				

1)非晶态硅；2)氢气区溶硅单晶。

为了进一步系统地分析 Si—H IR 谱所对应的{R}SiH_n集团模型，我们对样品作不同温度的热处理，以便观察各个 IR 峰随温度的变化。样品为掺磷 n 型氢气区溶硅单晶，含氢量～$6\times10^{16}cm^{-3}$，含氧量～$1\times10^{16}cm^{-3}$，含碳量＜$1\times10^{16}cm^{-3}$，电阻率ρ～60～70Ω · cm。将一根单晶棒顺序切成 2mm 和 5mm 厚的晶片各 20 个，两种厚度交替切割，头尾各保留一片作为室温样品，将其余各片分别在设定的温度下放入扩散炉中(温度稳定后保温 20min)。每一温度下同时处理 2mm 和 5mm 样品各一片，控温精度±2℃。

上述样品分别测量了 IR 谱的吸收系数 K、电阻率ρ和少子寿命τ随温度的变化，由图 1.7 显示。其中 9，10 两条曲线将在下一章讨论。

我们知道 SiH 不含弯曲振动模式，SiH_2 和 SiH_3 含有弯曲振动模式。当样品经过热处理后，属于同一种硅氢中心的伸缩振动和弯曲振动谱应具有同步的变化规律。因此，可以从各谱带随温度的变化趋势将它们进行分组，鉴别其所属的振动中心。从图 1.7 曲线 1～8 可以看到，曲线 4，即伸缩区 $1949cm^{-1}$ 谱带与其他谱带显著不同，没有与之对应的弯曲区的谱带。显然，$1949cm^{-1}$ 是 SiH 谱带，其强度在 417～535℃范围内直线上升，而其他谱带的强度在这期间是下降的。这可以解释为 Si—H 键断裂时，首先解体的是 SiH_2 和 SiH_3，它们相比 SiH 是不稳定的，其中一部分在温度的激活下过渡为 SiH，从而使 SiH 谱带强度增大。从图 1.7 曲线 1～8 的分析，得到如图 1.8 方框和连线表示的谱带分组情况[18]。

从图 1.8 可以看出，氢气区溶硅单晶中两个最强的峰 $2210cm^{-1}$ 和 $1949cm^{-1}$ 分别对应亚硅烷分子集团(SiH_2,SiH_3)和单一的 Si—H 键，后面我们将在这一结果的基础上进一步讨论。

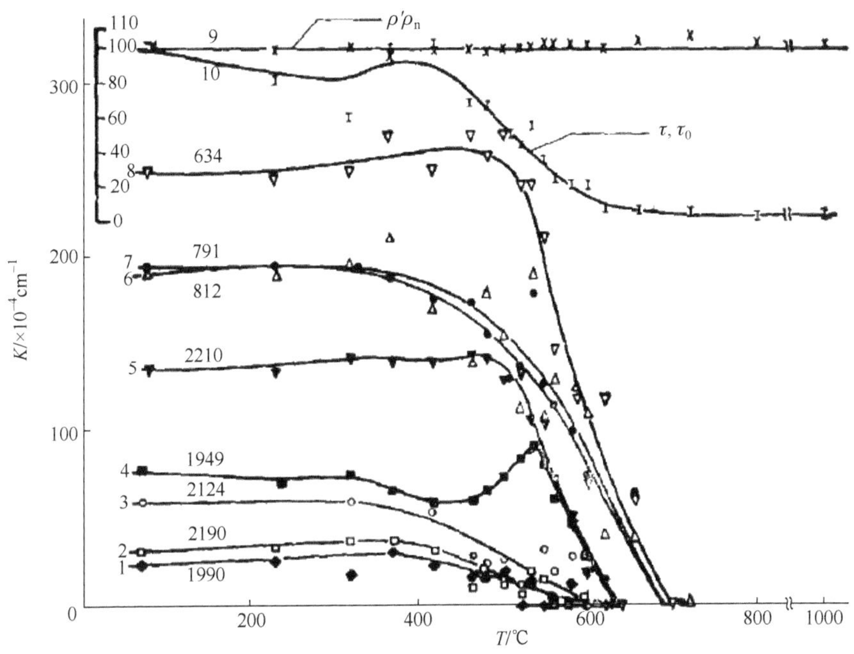

图 1.7　氢气区溶硅单晶的某些物理量随热处理温度的变化(曲线 1～8：Si—H 红外吸收系数；曲线 9：电阻率；曲线 10：少子寿命；样品均取自同一根单晶)

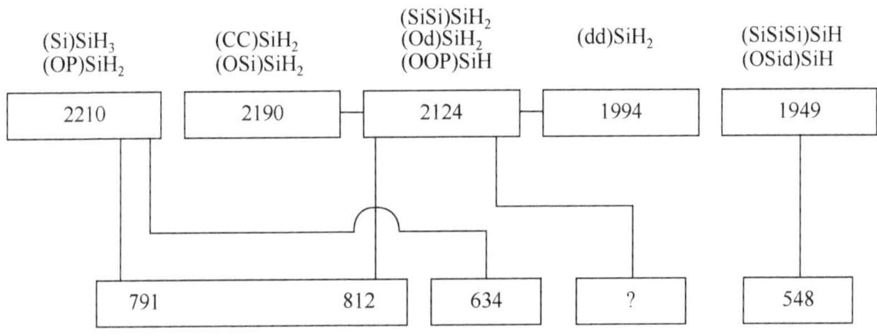

图 1.8　氢气区溶硅单晶部分 Si—H 谱带分组框图(方框上面的化学式摘自表 1.4)

表 1.4 列出晶态硅中可能的振动中心的化学式、相应的计算频率以及各个文献中的硅氢红外吸收谱的数据(这里限于篇幅仅考虑样品中含有 O, C, P 和 d(空位)等杂质或缺陷)。负电性的数据根据 Sanderson[24]的工作，SR(O)=5.21，SR(C)=3.79，SR(P)=3.34，SR(Si)=2.62，SR(d)= 0。经验公式的均方误差等于 4cm^{-1}，同表 1.4 中所有的实验点符合(参见图 1.9)。

表 1.4

本书						文献				文献
						[1]	[6]	[7]	[8]	[16]
IR 振动中心	SiH	SiH_2	SiH_3	c-Si FZ in H_2	c-Si H注入	c-Si H注入				NTD Si FZ in H_2
(Cdd)SiH	1827				1832	1835	1832	1830	1830	1827
(SiSid)SiH	1870				1880					1889
(PSid)SiH	1892				1889		1892			
(CSid)SiH	1905									
(CPd)SiH	1927				1930	1931	1925	1925	1930	1922
(CCd)SiH	1941				1946					1942
(OSid)SiH	1948			1949	1946			1950		1942
(SiSiSi)SiH	1949			1949	1946	1957	1957	1950 1957		1942 1956
(OPd)SiH	1970					1961	1965	1960		1966
(PSiSi)SiH	1971						1965			
(OCd)SiH	1983						1980	1980	1980	
(CSiSi)SiH	1984				1984		1980	1980	1980	
(dd)SiH_2		1991		1994						1992
(CPSi)SiH	2006				2000					2012
(CCSi)SiH	2019							2021		
(OOd)SiH	2026				2024	2030	2030	2025	2030	
(OSiSi)SiH	2027				2024	2030	2028	2028	2030	
(CCP)SiH	2041								2040	2045
(OPSi)SiH	2049				2048					
(CCC)SiH_2	2055				2060	2055	2056	2053		
(Sid)SiH_2		2057		2062	2060	2055	2056	2059		
(OCSi)SiH	2062			2062	2060	2066	2066	2065		
(Pd)SiH_2		2076					2071	2078		
(OCP)SiH	2084					2083		2078		
(Cd)SiH_2		2087				2083		2090		
(OCC)SiH	2097							2101		
(OOSi)SiH	2105				2104	2107	2105	2101	2110	2110
(Od)SiH_2		2123		2124	2122		2116	2118		2117
(SiSi)SiH_2		2124		2124	2122		2125			
(OOP)SiH	2127			2124	2122		2125			
(OOC)SiH	2140						2142	2142	2140	
(PSi)SiH_2		2142					2142	2142		
(d)SiH_3			2146				2142	2142		2150
(CSi)SiH_2		2154		2154	2155	2162	2160	2156	2160	2150
(CP)SiH_2		2172		2178	2176					
(OOO)SiH	2182			2178	2176					

续表

本书						文献				文献[16]
						[1]	[6]	[7]	[8]	
IR 振动中心	SiH	SiH_2	SiH_3	c-Si FZ in H_2	c-Si H 注入	c-Si H 注入				NTD Si FZ in H_2
$(CC)SiH_2$		2184		2178			2185	2185	2180	2187
				2190						
$(OSi)SiH_2$		2190		2190						
$(OP)SiH_2$		2209		2210	2207				2210	2205
$(Si)SiH_3$			2210	2210	2207	2210			2210	2205
$(OC)SiH_2$		2220					2218			
$(OO)SiH_2$		2256								
$(O)SiH_3$			2274		2274					

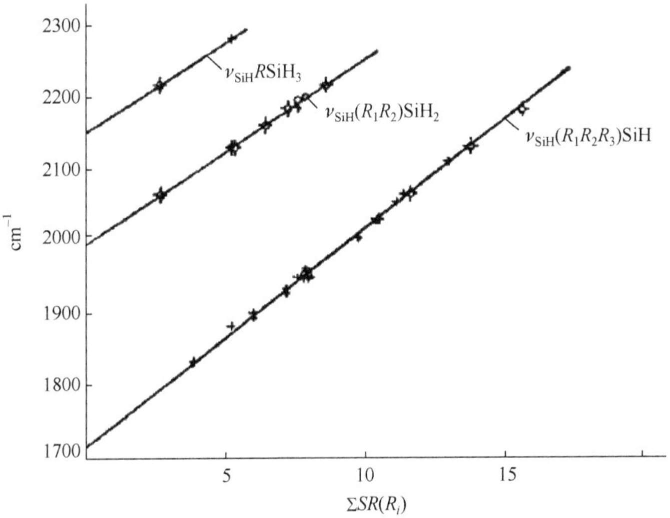

图 1.9　晶态硅中硅氢伸缩振动频率经验公式的图示

○为氢气区溶硅(表 1.4 中第五列实验数据)，＋为质子注入硅(表 1.4 中第六列实验数据)

从图 1.8 可以看出，氢气区溶硅单晶中许多硅氢谱带均可能对应于含氧的化学式。因此，热处理时一旦氧原子活动就会影响这些谱带。事实上，当 1106cm^{-1} 峰在 417℃左右消失时(与此同时，在 1075cm^{-1} 处出现一个吸收峰，并随着温度增高而增强，预计该峰为氧沉淀物的吸收峰，见图 1.10)，许多硅氢谱带在同一温度均有所下降

(见图 1.7)，这是由于含氧的硅氢中心消失；又因为这些谱带尚包含无氧的硅氢中心，强度不会下降到零。Qi 等也指出，2190cm^{-1} 和 2124cm^{-1} 等位置 Si—H IR 谱带是氧相关的，即由包含氧的氢缺陷复合物引起[22]。这一结果同图 1.8 表示的谱带分组符合。

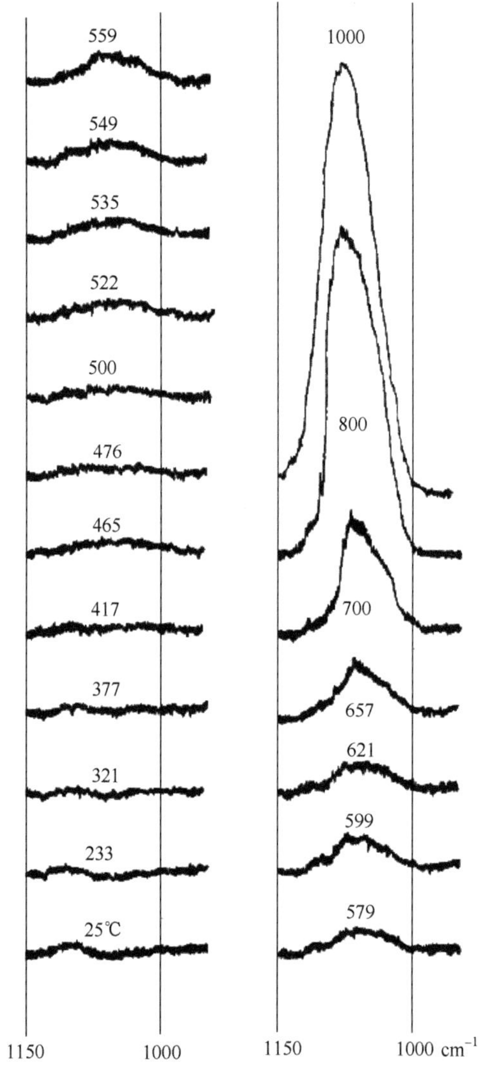

图 1.10　氢气区溶硅单晶中的氧相关红外吸收谱随热处理温度的变化

白国仁等用傅里叶变换 IR 谱(FTIR)在 10K 研究了 2210cm^{-1} 和

1946cm^{-1}(前面测定为 1949cm^{-1}[5,17,18])峰的同位素效应[20]，发现 2210cm^{-1}峰(在 10K 移至 2223cm^{-1})分裂为三个峰，它们的强度正比于 Si 同位素的自然丰度。当氢(H)被氘(D)替代时，2223cm^{-1}(2210cm^{-1})和 1952cm^{-1}(1946cm^{-1})峰分别移动至 1617cm^{-1}和 1421cm^{-1}，与同位素替代的质量增加相符合。在部分的 H 被 D 替代期间，2223cm^{-1}峰的附近出现四个新峰(图 1.11)，由这些结果得出的结论是，给出 2210cm^{-1}峰的氢缺陷复合物包含四个氢原子，具有 T_d 对称性；而 1949(1946)cm^{-1}复合物仅包含单一的 Si—H 键组。

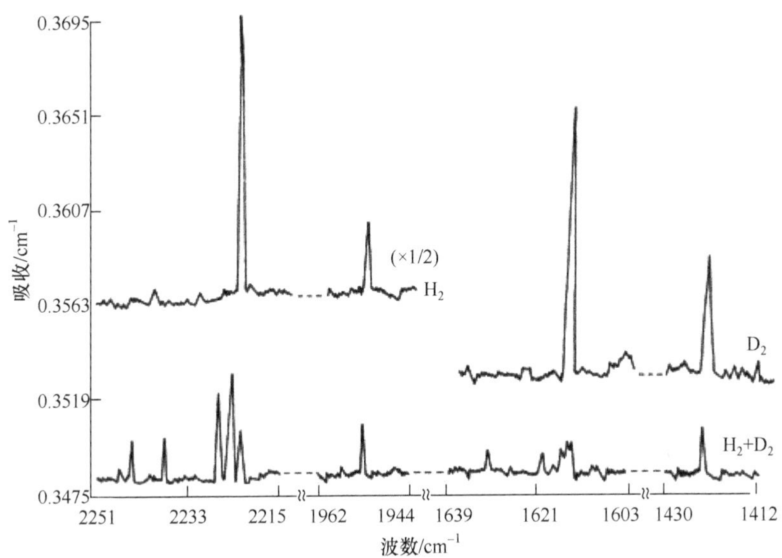

图 1.11　在 H_2，D_2 或 H_2+D_2 混合气氛下生长的区溶硅单晶的 IR 谱，光谱是在 10K 温度下测量的(T. S. Shi, et al. *Phys. Stat. Sol. B*, 131, 511(1885))

1.4　2210cm^{-1}和 1949(1946)cm^{-1}峰的微观模型

尽管晶态硅中测出 12 个 IR 峰[18]，但最重要的是其中最强的，各种样品中都存在四个峰：2210cm^{-1}，1949cm^{-1}，812 cm^{-1}和 791cm^{-1}。

根据 Bai 等的工作[20]，与 2210cm^{-1}峰相关的复合物具有 T_d 对称性，应包含一个以上氢原子；而 1949(1946)cm^{-1}峰相关的复合物仅包含一个氢原子，即 SiH_1。施天生等给出 2210cm^{-1} 和 1949cm^{-1} 两个峰的局域模式，分别是四面体间隙中的硅烷，即由四个氢原子与 T_d 位的自间隙硅原子键合而形成的硅烷$(SiH_4)_d$，以及氢化的分裂(100)间隙 Si 原子($I_{sp}\cdot 2H$)，如图 1.12 所示[21]。

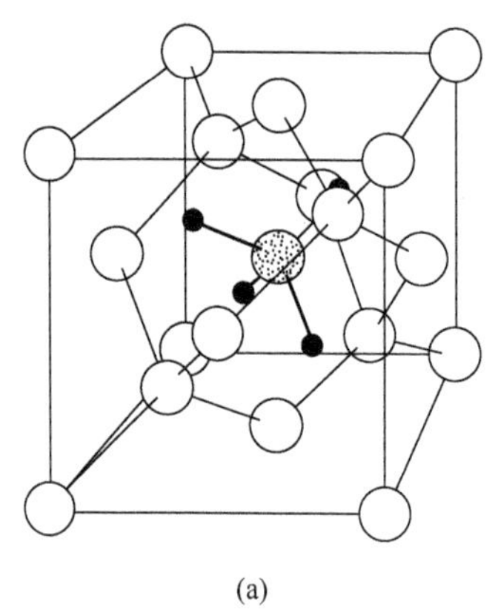
(a)

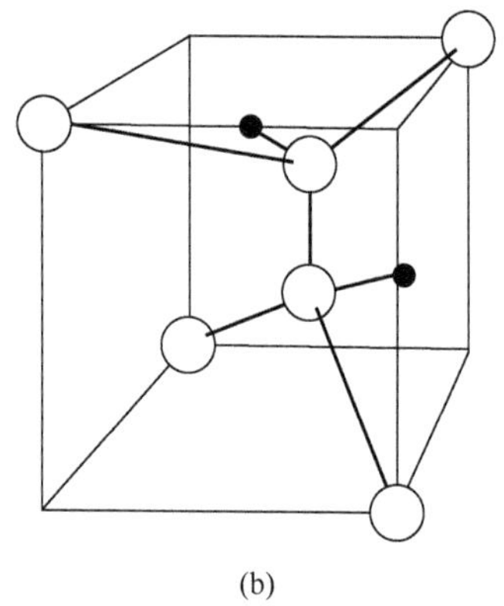
(b)

图 1.12　针对生长态的 c-Si:H 中的 2210cm^{-1}和 1949(1946)cm^{-1} Si—H IR 峰提出的氢缺陷复合物模型

(a)四面体间隙中的硅烷；(b)氢化的分裂(100)间隙 Si 原子(T. S. Shi, et al. *Phys. Stat. Sol. B*, 131, 511(1985))

1949(1946)cm^{-1} 峰所对应的原子结构除施天生等提出的上述模型外，仍有其他可能性，下面作一些补充。我们知道，硅中键中心(BC)位氢的存在已获得理论和实验的支持，其模型如第二篇第 6 章图 6.1 所示。这里我们建议的结构是(SiSiSi)Si—H_1，其中仅包含一个氢原子，符合 1949(1946)cm^{-1} 峰的无分裂特性，同时与图 1.8 所示的谱线分组结果符合。所以，我们强烈地建议，是键中心的氢与硅形成硅氢键，从而给出 1949(1946)cm^{-1} IR 峰。

1949(1946)cm^{-1} 峰另外一个可能性是氢化的空位[II,p199]，是 Shi 等在另一篇文章中提出的[19]，即 V(Si—H)$_4$，这里 V 表示空位。其中进入空位的氢原子与周围的硅悬键结合成 Si—H 键，由于各个 Si—H 键之间的相互作用很小，也满足 1949(1946)cm^{-1} 峰的无分裂特性。

第 2 章　氢气区溶硅单晶中的氢致缺陷

2.1　氢致“雪花”缺陷

硅单晶中氢致缺陷的研究，早期和近期都有些报道[25,26]。由于样品的热历史不尽一致，所见缺陷的形状也不尽相同。我们用 X 射线 Lang 透射形貌法[28]，观察到了经 1h 1000℃热处理后氢气区溶硅单晶中形成的许多“雪花”形缺陷(图 2.1)[5]。对利用各种不同晶面衍射，及其法线构成直角坐标系的⟨111⟩，⟨1−10⟩和⟨11−2⟩三种晶片的 X 射线形貌照片的分析表明：典型的雪花形缺陷由核心和向六个⟨110⟩延伸出去的位错线组成。从照片上来看，位错有的是卷线位错，有的是同轴棱柱位错线组。位错的 Burgers 矢量与⟨110⟩轴线一致[29]。

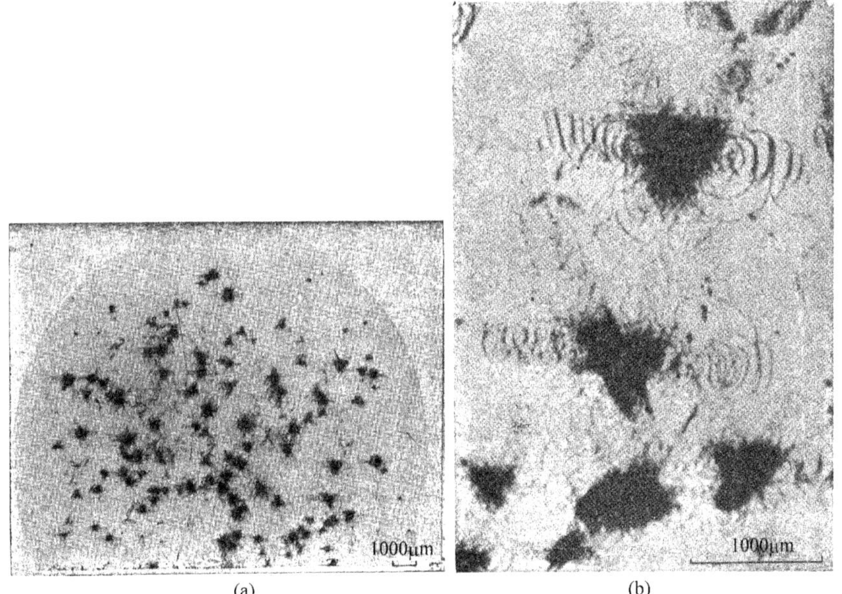

(a)　　(b)

图 2.1　氢气区溶硅单晶热处理后出现的雪花形缺陷

(a)(111)晶片 2-20 Ag Kα_1 透射形貌；(b)为(a)的局部放大照片

为了确定氢气区溶硅单晶中缺陷的形成温度，在大样品 Lang 相机上(X 射线源是 60kV，1000mA 的转靶 X 射线机)，用 Vidicon 电视系统，对 2mm 厚样品的透射形貌进行了动态观察。在电视屏幕上调出 Ag Kα_1 和 Ag Kα_2 两条衍射图像后，逐渐升高样品的温度。从室温上升没有见到什么缺陷痕迹，直到 660℃左右屏幕上突然出现大量亮点，接着亮点不断长大，个别亮点有移动或彼此合并的现象。这样的弛豫过程持续到 800℃以上就逐渐稳定下来。从 850℃冷却到室温，缺陷图像再没有发生变化。图 2.2 是缺陷出现前后的两张电视屏幕的照片。样品动态观察前后的 Lang 扫描透射形貌照片示于图 2.3。

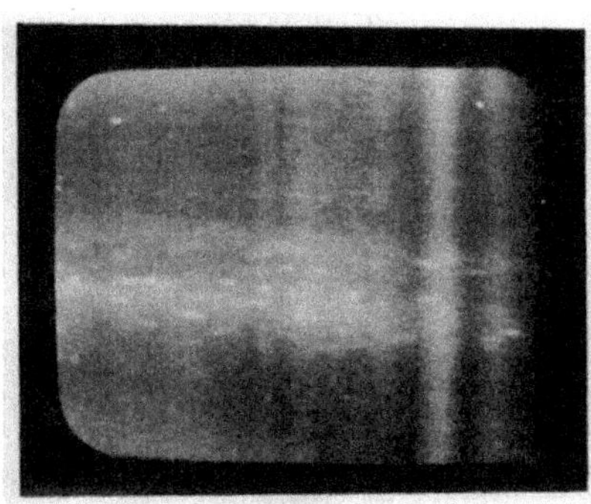
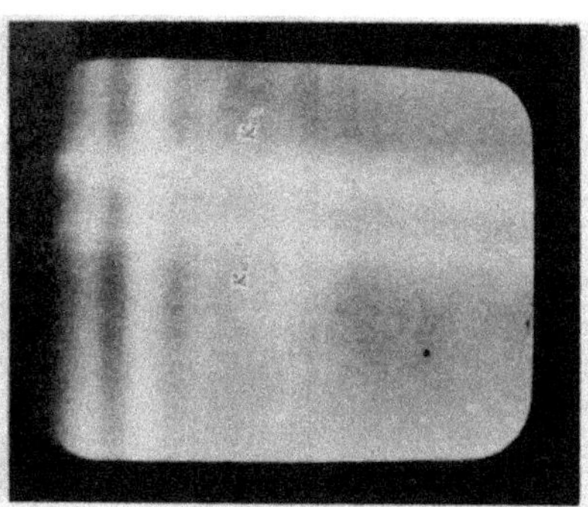

图 2.2 氢气区溶硅单晶热处理 X 射线动态观察电视屏幕照片

横的条纹和照片下部的一些圆点是电视屏幕上原有的

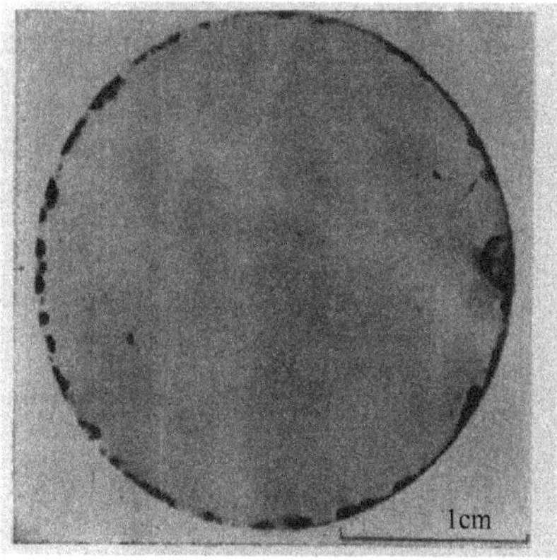

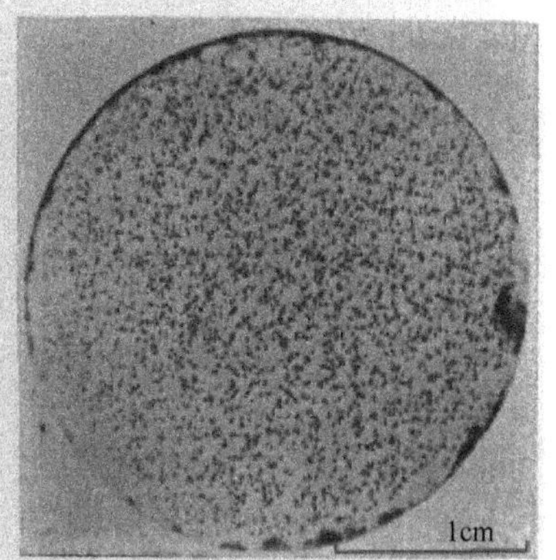

图 2.3 样品热处理 X 射线动态观察前后的 X 射线形貌照片(Ag K$\alpha_1$2-20 透射)

值得注意的是，氢气区溶硅单晶中缺陷开始形成的温度与硅氢键断裂临界温度十分一致（参见图 1.4 和图 1.7）。缺陷的形成和硅氢键的断裂不但是同时发生的，而且具有相同的动力学特点，都是突发性的。这说明氢气区溶硅单晶热处理中缺陷的形成，与硅氢键的断裂有关。事实上，在 704℃硅氢键基本消失的样品中，已经出现大量缺陷。因此，可以把氢气区溶硅单晶热处理后形成的“雪花”缺陷确定为氢致缺陷。

从图 1.7 曲线 9 可以看到，电阻率在热处理中基本上不发生变化。与电阻率不同，氢强烈地影响少数载流子的寿命(图 1.7 曲线 10)，后者随硅氢键断裂而大幅度下降(室温下为 800μs，700℃时寿命降为 20～30μs，等于相对变化 97%)。本书样品为 n 型，少数载流子为空穴。显然，硅氢键断裂后暴露出的 Si 悬键以及继后产生的氢致缺陷(下文将讨论)，都可能形成空穴的复合中心。联系到电阻率所受影响很小，氢致缺陷对平衡的少数载流子空穴起决定性作用，而对多数载流子电子捕获几率很小。原生态的氢气区溶硅单晶与经中子嬗变的氢气区溶硅单晶不同，后者经 400℃退火后出现了氢施主，引起电阻率下降 80℃以上[16]。在后续的讨论中，我们将从能带和能级的角度考察氢致缺陷形成时对电学性质的影响。

2.2 硅单晶中氢致缺陷的形成机制

为了进一步探讨单晶硅中氢致缺陷的形成机理，我们进一步进行系列实验观察。所用的无位错氢气硅单晶经 1000℃，1h 热处理后，X 射线形貌图中显示出雪花形缺陷(图 2.4)。雪花形的 6 支由棱柱位错圈组或卷线位错组成，其 Burgers 矢量沿着⟨110⟩晶向[5,18,29]。可以看到，图 2.4(b)中的雪花形缺陷图像仅有 3 支，它们与普通的 6 支雪花(图 2.4(a))成 30°角。这是容易理解的，因为面心立方点阵中有 12 个

⟨110⟩族滑移方向(图 2.4(c))，其中 6 支位于(111)面上，另外 6 支中各有 3 支分别位于该面的上面和下面。图 2.4(b)就是制备(111)晶片时，与这两个缺陷中心交截稍许偏上或偏下得出的图像。

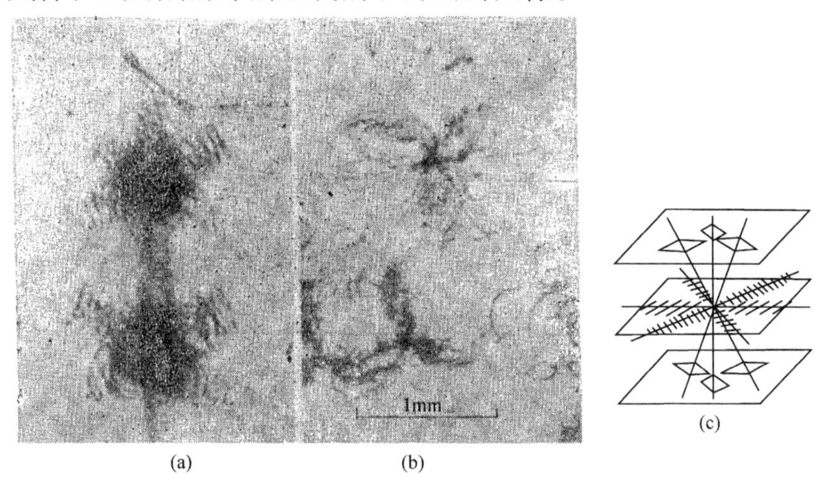

图 2.4　氢气区溶硅单晶中雪花形缺陷的 X 射线形貌照片(a)、(b)，以及面心立方点阵的 12 个⟨110⟩滑移方向(c)

图 2.5 显示了热处理中氢致缺陷的形成与硅氢键断裂过程之间的关系。温度低于 500℃时，X 射线形貌图中尚无明显衍射衬度；当高于 500℃时，图中出现了微弱的点状缺陷(早期缺陷)，尺度约为 70μm，密度约为 1×10^4cm^{-3}，这期间对应着硅氢红外吸收系数下降的拐点；随着温度升高，吸收系数曲线急剧下降，缺陷衬度增强，尺度增大；当温度达到 700℃时，点状缺陷发展到约 100μm，并出现杆状缺陷，其尺度约 250μm；到 1000℃时，点状缺陷约 150μm，而杆状缺陷约为 450μm。以上结果显示了氢致缺陷的形成过程与硅氢键的断裂过程高度相关，进一步证明用 X 射线形貌闭路电视对热处理过程中缺陷形成过程进行实时观察所得出的结果。

这里应当指出，仔细观察图 1.7 中曲线 1～8 可以看出：Si—H 红外吸收系数在 400℃左右已发生改变；事实上氢气区溶硅单晶在较低的退火温度下已形成微小的氢沉淀物或纳米级的氢缺陷，第 3 章和第 4 章将分别予以讨论。

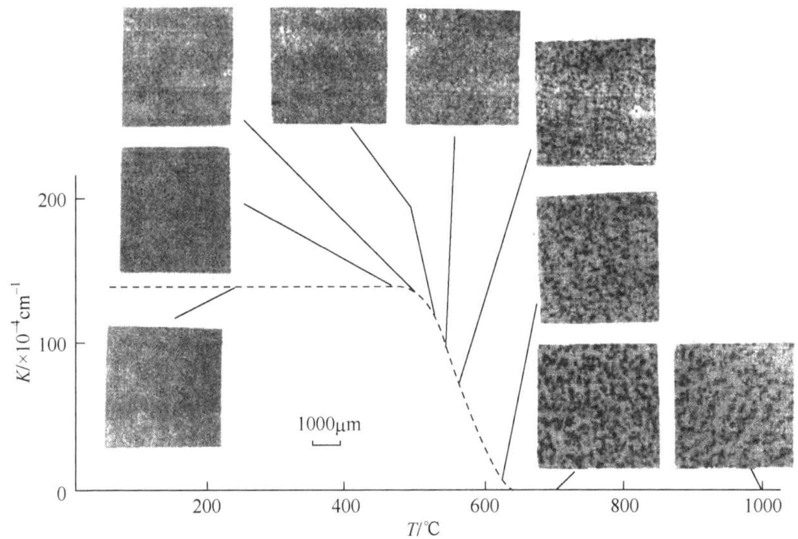

图 2.5　氢气区溶硅单晶中氢致缺陷的 X 射线形貌衍衬随热处理温度的变化

虚线示意图 1.7 中曲线 5，亦即 2210cm^{-1}Si—H 红外吸收系数随热处理温度变化的平均趋势

研究缺陷中心的结构对理解其形成机制是重要的。X 射线形貌图(图 2.6(a))显示其中部有圆饼状物，周围是一个强的应力区；红外显微镜观察(图 2.6(b))表明，缺陷为长轴沿⟨110⟩的椭圆片，可以认为它们是位于倾斜的{111}面上的圆饼状物在(111)面上的投影；扫描电子显微镜照片(图 2.6(c))则显示，发展早期的缺陷中心为 10 μm 左右的球状物。

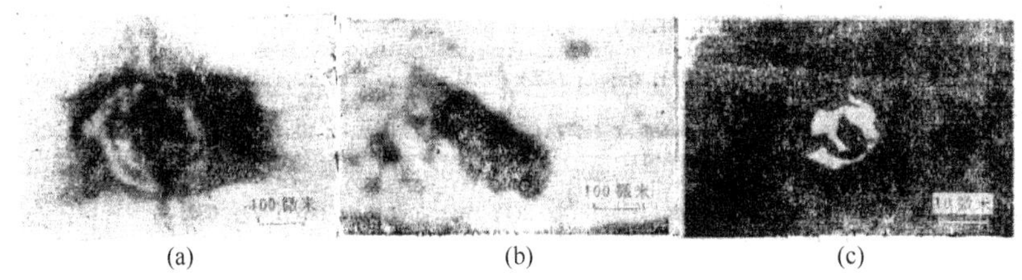

图 2.6　缺陷中心的 X 射线形貌照片(a)、红外显微镜照片(b)和扫描电子显微镜二次电子像(c)

当氢气区溶硅单晶生长时，气氛中的氢进入硅点阵中，是处于过饱和的、热力学不稳定的状态。当热处理温度足以扰动 Si—H 键时，脱离成键态的氢将沿着点阵沉淀。蒋伯林[13]曾经测定了沉淀激活能为(56000±3000)卡/克分子(大约为 2.4eV/原子)。这个结果支持关于硅氢键

断裂后发生氢沉淀的设想。根据现有的结果我们认为，脱溶沉淀的氢原子会在晶格的某处发生聚集，如四面体间隙(T)或空位(V)处形成氢分子(H_2)；随着热处理温度的升高，氢原子或氢分子会在晶体中扩散。在最初阶段，氢原子或氢分子相遇，形成不均匀的分布并引起原子或分子间的相互吸引；这时，高密度的氢气团就会以其较大的引力不断地吸收周围的氢原子或氢分子，最后形成一定尺度的氢沉淀物集团。形成集团的作用力是量子力学原理导致的原子或分子之间的作用力，伴随热驱动和扩散；但其结果(由分散的氢形成集团)与天体物理中由氢元素形成氢云的过程何其相似。由于是在点阵中沉淀，开始沉淀物的形状为球形，所需的形成能最小；随着沉淀物长大，点阵应变弹性能变大，因而沉淀物趋向变为圆盘状以减小弹性能；温度进一步提高时，高温下的氢压导致位错从集团壁向外滑移，形成雪花形缺陷，即晶体内部的"氢胀"引起氢致缺陷。该机制可以认为是氢对晶体材料造成力学破坏的一种方式。事实上，观察到这样引入的缺陷大多数呈集团状，用电子显微镜可观察到 10μm 直径集团状的缺陷。进一步研究期望观察到更小的早期缺陷及其中心的某些性质，我们将在第 3、4 章予以讨论。

上述观点的重要前提是硅单晶中分子态氢(H_2)存在的可能性，第 5 章中将予以讨论。

2.3 硅中氢的电子结构的分子轨道方法处理

2.3.1 硅晶格中 Si—H 键单元的轨道

在前面的叙述中已经用{R}SiH_n 集团的模型解释了硅中氢和氢致缺陷的实验观察结果。下面在此模型基础上作简化的理论处理。

我们将硅中氢的电子结构用 Si—H 键单元表征，采用固态矩阵元近似(一种分子轨道方法)作理论上的处理[30]。而对于 SiH_n 基团的中心硅原子，根据前述有如下几种可能性：第一种模型中它们是空位型缺陷附近格点上的硅原子[18]，或者是与键中心氢原子相邻的硅原子；而在第二种模型中是自间隙硅原子[21]。由于硅原子呈现四面体键性质，可以把上述两种模型作统一处理。四面体键结构的固态矩阵元已由 Harrison 给出[31]：

$$\langle\beta|H|\alpha\rangle = V_{\tau\tau',m} = \eta_{\tau\tau',m} h^2/(md)^2 \tag{2.1}$$

式中，$\eta_{\tau\tau',m}$ 为常数；$\eta_{ss\sigma}=-1.40$，$\eta_{sp\sigma}=1.84$，$\eta_{pp\sigma}=3.24$，$\eta_{pp\pi}=-0.81$。假定$|h\rangle$和$|1s\rangle$分别为硅的 sp^3 杂交轨道和氢的轨道，我们得到

$$W_2 = \langle h|H|1s\rangle = 1/2(V_{ss\sigma}+3^{1/2}V_{sp\sigma}) \tag{2.2}$$

这里，W_2 称为共价能；d 是计及固态效应后 Si—H 键的长度。

$$W_3 = \langle h|H|h\rangle = \left[1/4(3\varepsilon_p^c+\varepsilon_s^c)-\varepsilon_s^a\right]/2$$

及

$$-W_3 = \langle 1s|H|1s\rangle \tag{2.3}$$

W_3 称为极化能，ε^c 和 ε^a 分别为硅和氢原子的轨道能值。由于 SiH_n 中的 H_i 和 H_j 的距离(2.43Å)远大于 H_2 中两个氢原子的距离(0.74Å)，它们之间的相互作用可以忽略，亦即$\langle 1s_i|H|1s_j\rangle=0$。因此，可以简化为以 Si—H 键单元表征 SiH_n，其本征值为

$$\varepsilon_b = -(W_2^2+W_3^2)^{1/2} \tag{2.4}$$

最终 Si—H 键单元的轨道为

$$|B\rangle = u_h|h\rangle + u_{1s}|1s\rangle \tag{2.5}$$

这里

$$u_{1s}=[1/2(1+\beta)]^{1/2},\quad u_h=[1/2(1-\beta)]^{1/2},\quad \beta_p=W_3/(W_2^2+W_3^2)^{1/2} \tag{2.6}$$

从式(2.6)得到 $u_{1s}^2-u_h^2=\beta_p$，称为极化能，它表示键单元的有效电荷，记为 Z^*(即 $Z^*=\beta_p$)。计算中所用的参数列入表 2.1。

表 2.1　参数

d/Å	ε_s^a/eV	ε_s^c	ε_p^c	W_2	W_3	$N_0/\times10^{16}cm^{-3}$	$M/\times10^{-24}g$	V_2^c	ε_h	ε	E_0
1.50	−13.6	−13.55	−6.52	3.01	2.66	6	1.615	2.98	−8.28	−10.94	3.65

2.3.2 Si—H 振动与红外辐射之间的耦合

在 Si—H 键单元的电子结构的基础上，我们可以得到对于不同系列的光学模式的 SiH_n 的总横向电荷；按着氢原子移动引起的键形变我们有

$$e_j^{W}=N_j^{W}Z^*,\quad e_n^{S}=N_n^{S}Z^*(1+2\beta_c^2),\quad e_i^{B}=N_i^{B}Z^*(1-\lambda\beta_c^2) \tag{2.7}$$

这里，N 是模式中键单元的数量，$\beta_c = W_2/(W_2^2+W_3^2)^{1/2}$，称为共价性；W，S，B 分别代表摇摆、伸缩和弯曲振动模式。式(2.7)中的常数由实验确定。最终我们得到对于 k 系列模式的耦合强度为

$$\rho_k=(e^2 e_k{}^2 N_0)/(2N_k M\omega_k{}^2) \tag{2.8}$$

它代表第 k 个振动对磁化率的贡献。表 2.2 显示归一化的 IR 系数与实验值的比较，两者基本符合。

表 2.2

$\omega_k/\mathrm{cm}^{-1}$	2210	2124	1949	812	791	634
振动模式(模型 1)	ω_3^S	ω_2^S	ω_1^S	ω_2^B	ω_3^B	ω^W
$^*K/\times10^{-4}\mathrm{cm}^{-1}$	132	94	82	161	161	282
K(归一化)	132	95	57	128	163	238
振动模式(模型 2)	ω_4^S	ω_2^S	ω_1^S	ω_2^B	ω_3^B	ω^W
$^*K/\times10^{-4}\mathrm{cm}^{-1}$	140		91	188	173	352
K(归一化)	284		91	165	173	477

*13 样品的平均值。

2.3.3 硅中氢的某些电子性质及与实验比较

根据前节的计算结果，我们可以进一步讨论有关硅中氢的某些电子性质，并与实验相比较。

1. 能级

由于氢的含量很低，硅的能带和 c-Si 中氢的能级可以由固态矩阵元来构建，如图 2.7 所示。我们看到，氢的反键能位于深能级，而氢的键能位于价带(−14.97eV)。

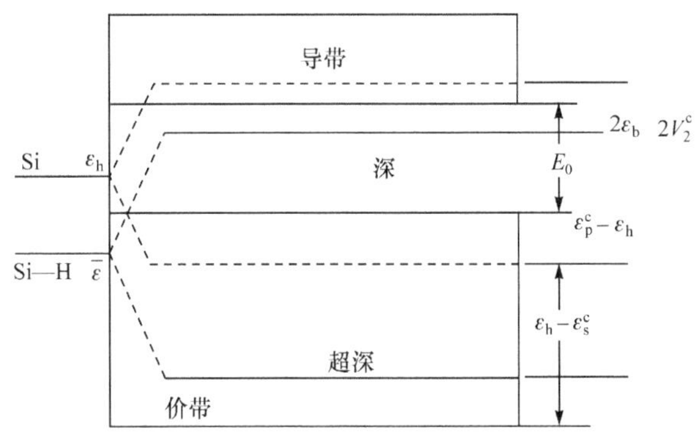

图 2.7　硅能带和氢能级简图

在本书第二篇我们将看到，主导半导体中氢的行为是因为它作为深能级引入其中，氢与半导体中其他缺陷的相互作用，例如浅杂质的中性化就是一个重要的例子。这里给出反键能级位于深能级提供了解释氢能使其他缺陷中性化的一个可能选项。

事实上，Van de Walle 指出(详见第 6 章)，在晶体中高电荷密度区域，氢相关能级位于带隙的上部，是一种被鉴定为轨道反键组合形成的态。根据 Schaad 和 Fisch 及 Licciardello 分别所做的工作，作为键中心位置的氢在一级近似下包含三个态：半导体键 b，反键 a(杂交轨道与两原子对称和反对称的组合)和氢 1s 轨道，如第 6 章图 6.2(b)表示，相应的波函数草图由图 6.2(a)所示。直观地讲轨道反键态，就是在硅原子之间具有一个波节(相应于键中心位置)，因此记为缺陷复合物的“非键合态”。

2. 深能级瞬态谱

深能级瞬态谱(DLTS)在 620℃呈现一个尖锐的峰(图 2.8 中的曲线 4)，相当于 $E_T = E_c-0.22eV$。根据 Johnson 和 Van de Walle 等用第一原理计算，深能级大约在导带以下 0.2eV。注意到 DLTS 谱的峰的出现温度与 Si—H 键断裂的温度一致(参见图 1.7 中的曲线 1)，所以 DLTS 测到的深能级可能代表因热的扰动引起氢至反键轨道的跃迁。

3. 载流子和少子寿命

氢轨道中的电子是束缚的，这意味着 n 型硅的电阻率是基本稳定的(图 2.8 中的曲线 3)；相反地，氢的超深能级位于硅的价带，这意味着当硅氢键断裂时，从氢至价带的电子输运是容易的，这将提供空穴的再复合中心，从而引起少子寿命的急速下降(图 2.8 中的曲线 2)。

4. 正电子湮灭寿命谱

当 Si—H 键断裂时氢致缺陷产生，这使得正电子湮灭的寿命增大(图 2.8 中的曲线 5)。此外，由于氢致缺陷是内应力引起的，它不会导致晶体体积的改变，所以点阵常数不变(图 2.8 中的曲线 7)，但由于晶体内应力的变化，X 射线衍射摇摆曲线稍许变宽(图 2.8 中的曲线 6)。

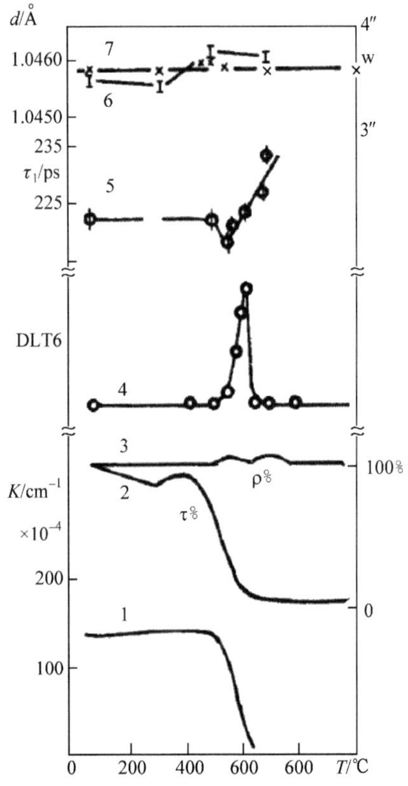

图 2.8　氢气区溶硅单晶(n 型)在不同等时退火温度的一些实验结果

1.红外吸收谱 2210cm^{-1} 的吸收系数；2.少子寿命；3.电阻率；4.DLTS 信号；5.正电子湮灭寿命谱；6.(333)面的 X 射线衍射摇摆曲线半峰宽；7.(333)面点阵间距(曲线 1,2 和 3 见文献[18])

第 3 章　硅单晶中氢沉淀物的 X 射线衍射动力学理论和实验研究

一张 X 射线形貌照片或电子显微镜照片，相当于散射本领作为晶体中位置的函数的一个二维分布图。除去极少数简单情形，从散射强度直接确定显微应变分布还未成功。这一逆问题的解决通常受到实验图像相位信息的缺失的阻碍。从 19 世纪 50 年代末起，电子显微镜照片已通过对模型应变场的模拟绕过这一问题[32]。X 射线截面形貌中位错图像的首次模拟是由 Balibar 和 Authier 报道的，采用的是半阶导数法[33]来解高木(Tagagi)方程[34]。在这一先驱性的工作中图像的拟合是手绘的，所以早期的模拟很耗时。这方面后来有一定的进展，已由 Epelboin 作详细描述[35]。但令人意外的是，尽管关于 Burgers 矢量的大小、符号、晶体各向异性和位错线方向对截面形貌图像的影响都作过广泛的研究，但很少有注意力关注到 X 射线球状应变中心的衬度。球状应变中心截面形貌衬度的数字模拟最早是由 Green 博士给出的。在本章中我们较详细地介绍关于这方面新的研究结果[36,37]:

(1) 采用接近极限分辨率的条件，观察到硅单晶中氢沉淀的彗星状由直接像、动力学像和干涉条纹的中间像组成的衍射衬度。

(2) 首次对晶体中球状应变中心的截面形貌进行衍射动力学理论模拟，给出了硅单晶中早期氢致缺陷的特征和形变参数。

(3) 提供了研究晶体中球状应变中心的方法。由于它具有一定的普遍性，本工作的合作者英国 B. K. Tanner 教授在 1995 年于德国举行的纪念伦琴射线发现 100 周年国际会议上所做的特邀报告中，介绍了这项工作。

3.1　硅中氢沉淀物的 X 射线截面形貌

3.1.1　中等温度热处理的氢气区溶硅单晶的 X 射线截面形貌

我们在前面已说过，氢气区溶硅单晶经退火产生氢致缺陷[5,18]，其特征依赖于退火条件。经 500℃退火的样品含有小的球状缺陷，在更高的温度退火后样品含有更大的和复杂的缺陷[18,38]。这里所研究的样品是一个 800μm 厚度的{111}取向的硅片，它是从经氢气区溶生长后并经过 500℃，30min 退火后的硅单晶切下来的。在对其表面进行腐蚀以作最后的应变释除之前，样品经过了 SYTON 抛光和 1/4μm 金刚石膏的抛光。X 射线截面形貌是在一个具有 10μm 狭缝，距离投影尺寸为 200μm×200μm 的 X 光源 75cm 的形貌相机上拍摄的，采用 Ilford L4 核乳胶底片和 Mo Kα_1 辐射[36]。

图像的模拟基于由 Y. Epelboin 提供给 Daresbury 实验室的程序。关于 Tagagi 方程[34]的算法可参考 Epelboin 的报道[35]。我们把这个程序发展至其所采用的应变场具有宽广的范围，即含有单个应变场或其组合[37]。

X 射线截面形貌采用四种反射，即(1–1–1)，(–333)和(3–3–3)立体对以及(4–2–2)反射，它们的衍射几何如图 3.1 所示。

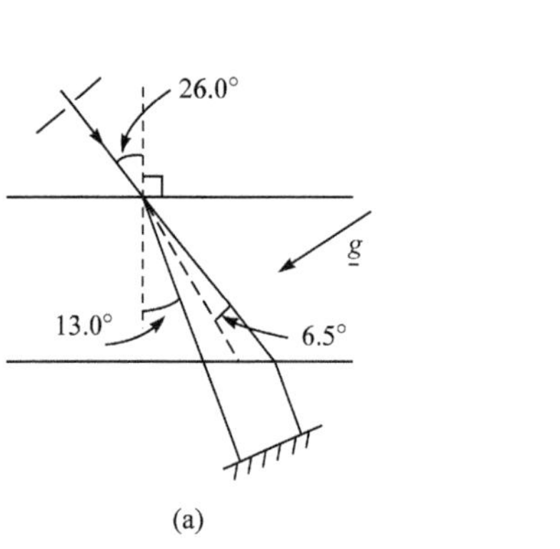

(a)

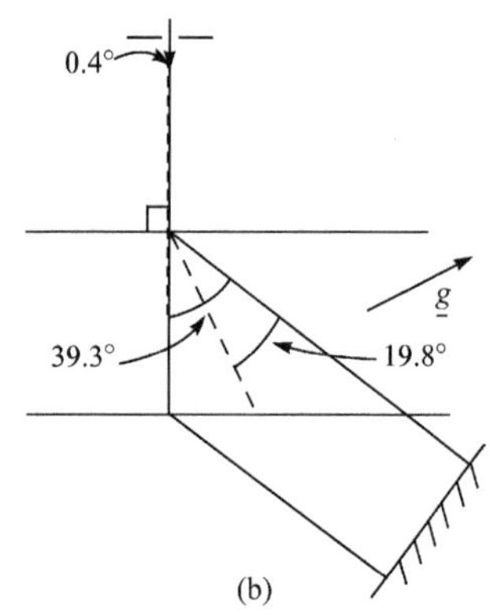

(b)

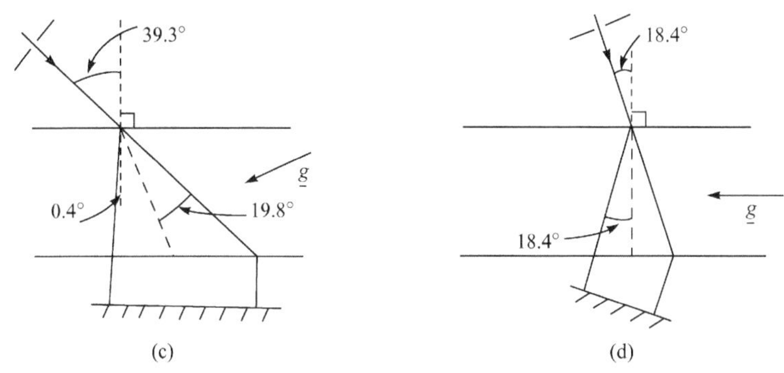

图 3.1　1–1–1(a)，–333(b)，3–3–3(c)和 4–2–2(d)反射的衍射几何

3.1.2　球状应变中心 X 射线形貌衬度的特征

图 3.2 显示硅中球状中心的典型的截面形貌照片，其间可见宽阔的衬度范围。令人意外的是，所有的图像都可以用一个简单的、以距离平方的倒数为函数的径向原子位移的各向同性弹性模型作模拟。我们注意到，靠近入射表面的缺陷具有“彗星”的形状：有黑的头部和亮的尾巴(图 3.2 中的 A，B 和 C)。黑头相当于 Authier 命名的直接像[39,40]，它在图像上的位置可直接用于确定缺陷所在的深度[37]。直接像是由缺陷周围的畸变区域的运动学散射形成的，此时 X 射线超出完整晶体布拉格反射范围，因此总是呈现增大的强度。对于所有“彗星”衬度，其亮的尾部是落在截面图中由直射束和反射束构成的鲍曼(Borrmann)扇区域。亮的图像相应于动力学像，它起因于缺陷的存在引起波场强度的损失。在直接像和动力学像中间的部分是中间像，它是由原始波束和在缺陷处新创建的波场之间的干涉所引起的。中间像是周期性的，并总是呈现为完整晶体 Pendellösung 条纹的弯曲(见图 3.2(a)中的 C 图像)。但一般来说这个反射还不能清晰地显示中间像。我们注意到，所有缺陷图像的高度几乎为 20μm 的常数，这意味着这些缺陷的应变场强度是很类似的。很明显，沉淀物尺寸的弥散性很小。在(–333)反射的图 3.2(b)中，可以见到单个图像中更多的细节，特别是中间像更为清晰。大的衍射矢量与小的散射因子相结合给出更大的图像高度，典型的是 55μm。对于(3–3–3)反射，衍射束几近垂直于

晶体的出射表面(图 3.1(c))，截面形貌图宽度的增加使得更细节的东西能够分辨。图 3.3 显示一个靠近入射表面的球状缺陷的实验和模拟图像，其中直接像、中间像和动力学像都清晰可见，而且实验与模拟图像很好地符合。

(4−2−2)为对称劳埃反射，其背景强度和 Pendellösung 不受长程弯曲的影响。同样地，实验和模拟的图像很好地符合(图 3.4)。

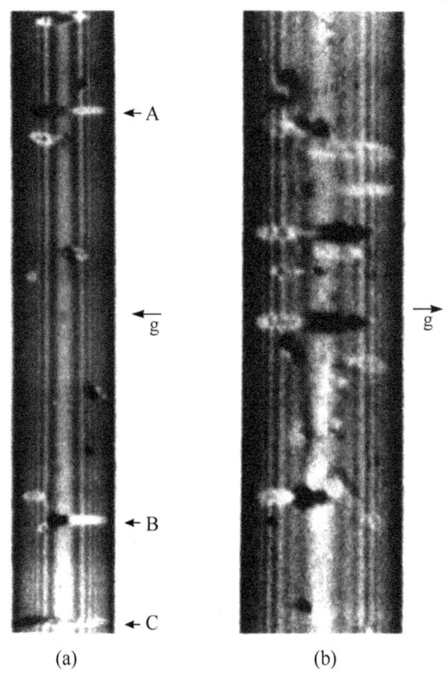

图 3.2　(1−1−1)反射(a)，视场宽度 195μm；(−333)反射(b)，视场宽度 520μm

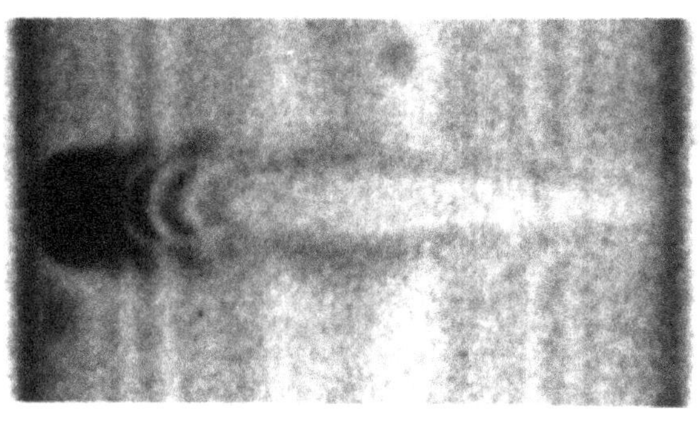

(a)

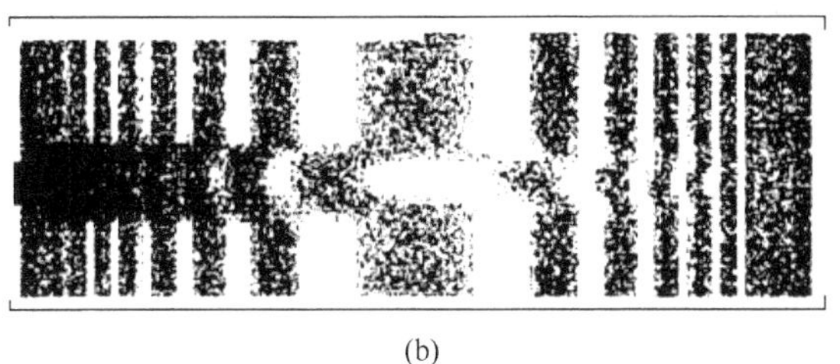

(b)

图 3.3　(3–3–3)反射形貌实验(a)及模拟(b)

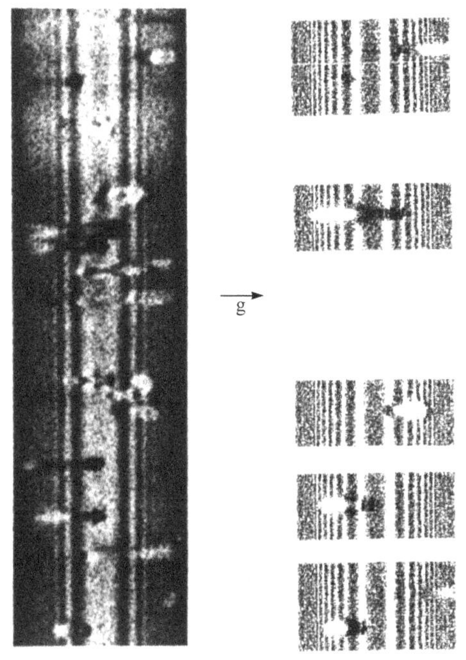

图 3.4　(4–2–2)反射的截面形貌，视场宽度 520μm

3.2　硅中球状应变中心的衍射动力学理论模拟

3.2.1　球状应变中心的应变场的模型

采用球对称的应变场，即以沉淀物的中心作为原点，其径向位移函数由下式给出：

$$U_r = C/r^2 \tag{3.1}$$

这里，C 为常数，它定义形变的大小和符号。

3.2.2 拍摄氢沉淀物截面形貌图像的衍射几何

这里显示的所有的照片都是用(–333)反射拍摄的，晶体的出射表面定义为(–1–1–1)。实验的几何如图 3.5 所示。

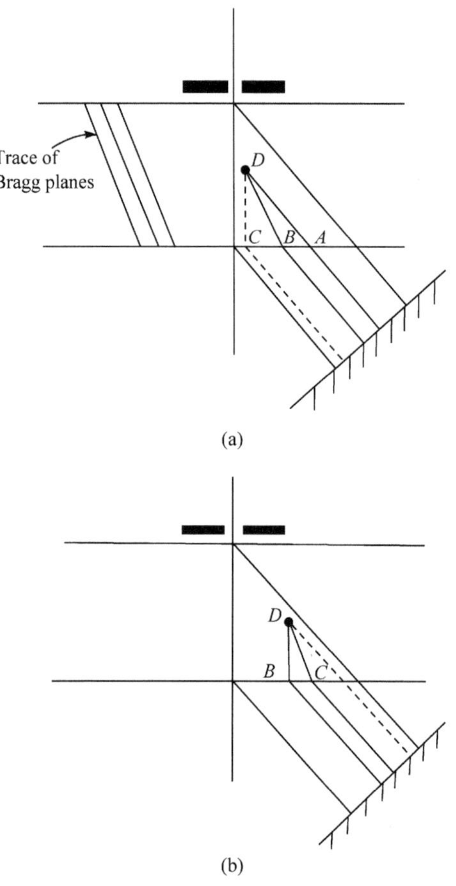

图 3.5 显示缺陷的位置与衍射几何关系的示意图

表明一个缺陷(a)靠近直射束位置和(b)靠近鲍曼扇衍射束附近

3.3 衍射图的形态与缺陷的关系

3.3.1 图像随晶体厚度的变化

图 3.6 显示我们模拟的许多图像中典型的图像。此图像扩展横贯

鲍曼扇，具有黑“头”和亮“尾”的特征，前者相应于直接像，后者相应于截面形貌中位错的动力学像。晶体厚度改变一个消光距离不构成对缺陷图像一般特征的影响；一个厚度为 400μm 的晶体的模拟图像呈现如下所述非常相似的特征。但是，图像中心的区域受到 Kato 条纹背景的影响，厚度增加半个消光距离(图 3.6)导致强度的显著变化。

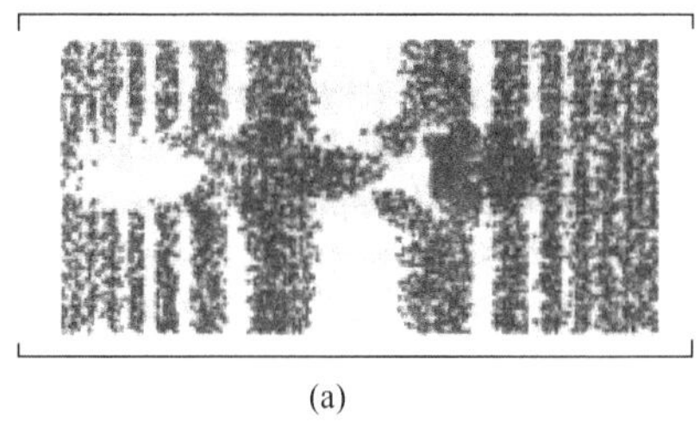

(a)

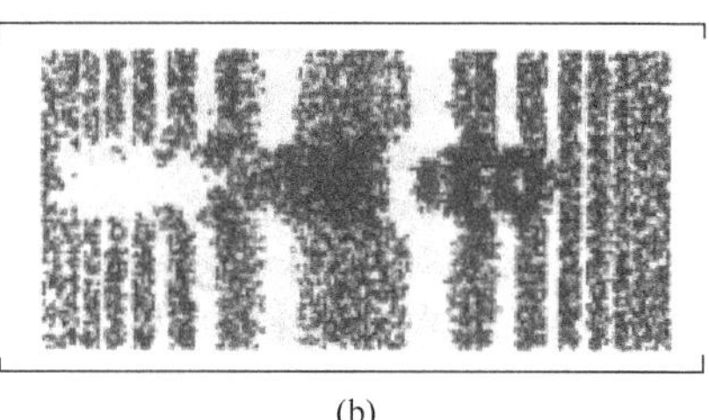

(b)

图 3.6　球状应变中心图像的衬度，随晶体样品厚度改变半个消光距离而引起的变化

(a)784μm；(b)808μm；形变参数 $C=1\times10^{-19}\text{m}^3$，缺陷深度 200μm，距离直射束 10μm；由括号指示的图像宽度为：(a)510μm；(b)521μm

3.3.2　图像随缺陷应变场大小的变化

围绕缺陷周围的形变场的大小对缺陷图像的特征有一定的影响。随着缺陷形变的增大，没有观察到图像投影宽度的变化，图像基本上充满整个鲍曼扇；但是垂直于入射平面的图像高度明显地随着形变场的增大而增大(图 3.7)。图 3.8 显示图像高度作为形变参数 C 的函数曲线。我们看到图像高度和形变参数 C 具有简单的对数关系

$$h = A\ln C \tag{3.2}$$

这里，A 是一个常数。

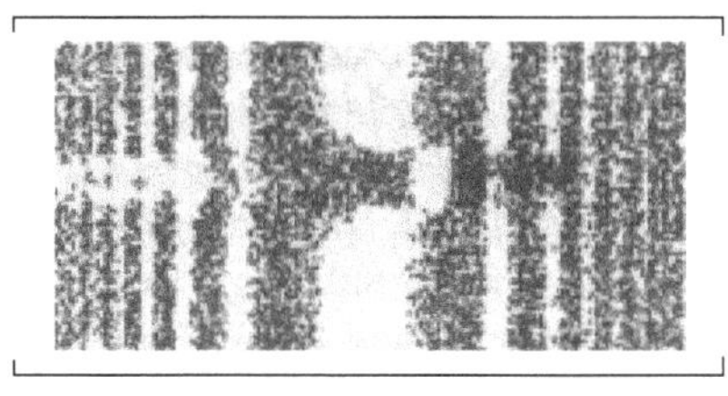

(a)

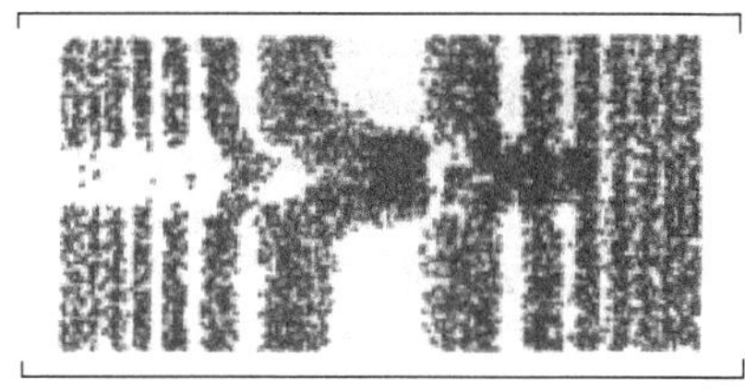

(b)

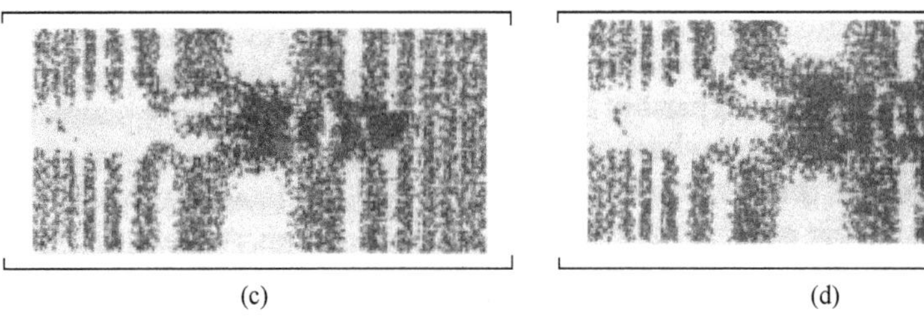

图 3.7　模拟的图像衬度随形变参数 C 的变化(缺陷深度 200μm，距离直射束 30μm，图像宽度 510μm)

(a)$2\times10^{-20}m^3$；(b)$5\times10^{-20}m^3$；(c)$1\times10^{-19}m^3$；(d)$2\times10^{-19}m^3$

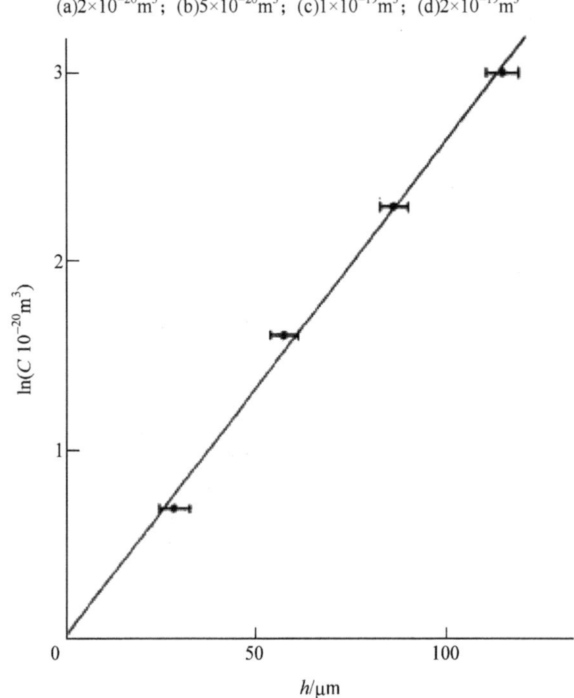

图 3.8　图像高度与形变参数 C 之间的关系曲线

3.3.3　图像随形变符号的变化

图 3.9 显示当位于鲍曼扇不同位置的球状缺陷的形变符号反转时的效应。当缺陷靠近直射束时，图像最显著的变化发生在中心区域(图 3.9(a)和(b))；当缺陷靠近鲍曼扇的衍射束一边时，则是尾部改变最大(图 3.9(c)和(d))。精细的衬度对晶体的厚度是敏感的，通常图像的中心区

域受到最强烈的影响。这一部分图像属于 Authier 命名的中间像[40]，它起源于原始波束和缺陷所创建的新波场之间的干涉。所以，由于干涉波场的相位对晶体的厚度和缺陷周围形变场的符号是敏感的，这部分图像发生了显著的变化。亮的尾部相当于原始波场经过缺陷后波场强度损失的阴影，它受到形变符号的影响最小。

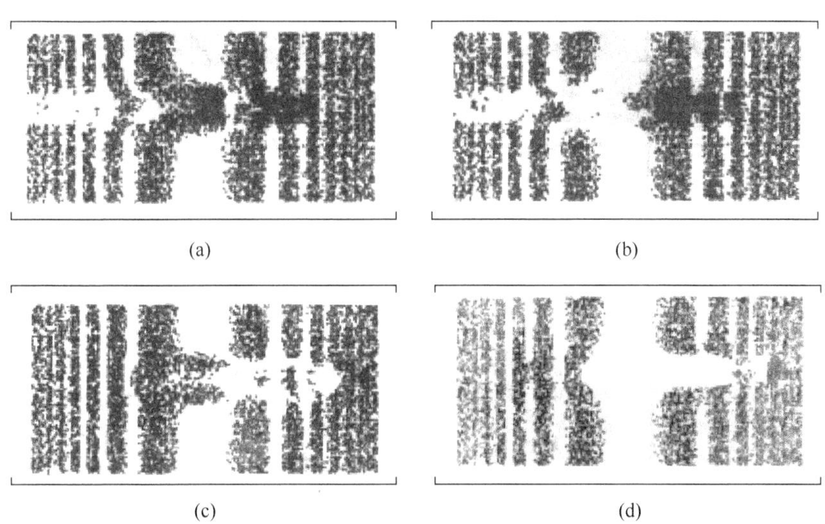

(a)　(b)

(c)　(d)

图 3.9　一个靠近直射束的缺陷的图像衬度随形变符号反转的变化(缺陷深度为 200μm)

(a)$C=5\times10^{-20}\text{m}^3$；(b)$C=-5\times10^{-20}\text{m}^3$；(c)与(d)是分别与(a)和(b)等同的图像，但是缺陷的位置是在鲍曼扇的衍射束边附近(图像宽度 510μm)

3.3.4　图像随缺陷在常数深度下横贯鲍曼扇不同位置的变化

缺陷在鲍曼扇中的位置对图像具有最大的影响。图 3.10 显示，随着缺陷沿着平行于表面的从扇的最左边(相当于最靠近直射束的区域)移动到最右处(相当于扇的边)，图像是如何变化的。最引人瞩目的变化发生在头部：当缺陷靠近直射束时它是很强的(图 3.10(a)和(b))；随着缺陷移开远离直射束，黑头几乎消失而亮尾主导图像(图 3.10(e))。图 3.10(d)和(e)显示亮尾后面还存在干涉条纹，这可能与新旧波场之间的干涉有关。

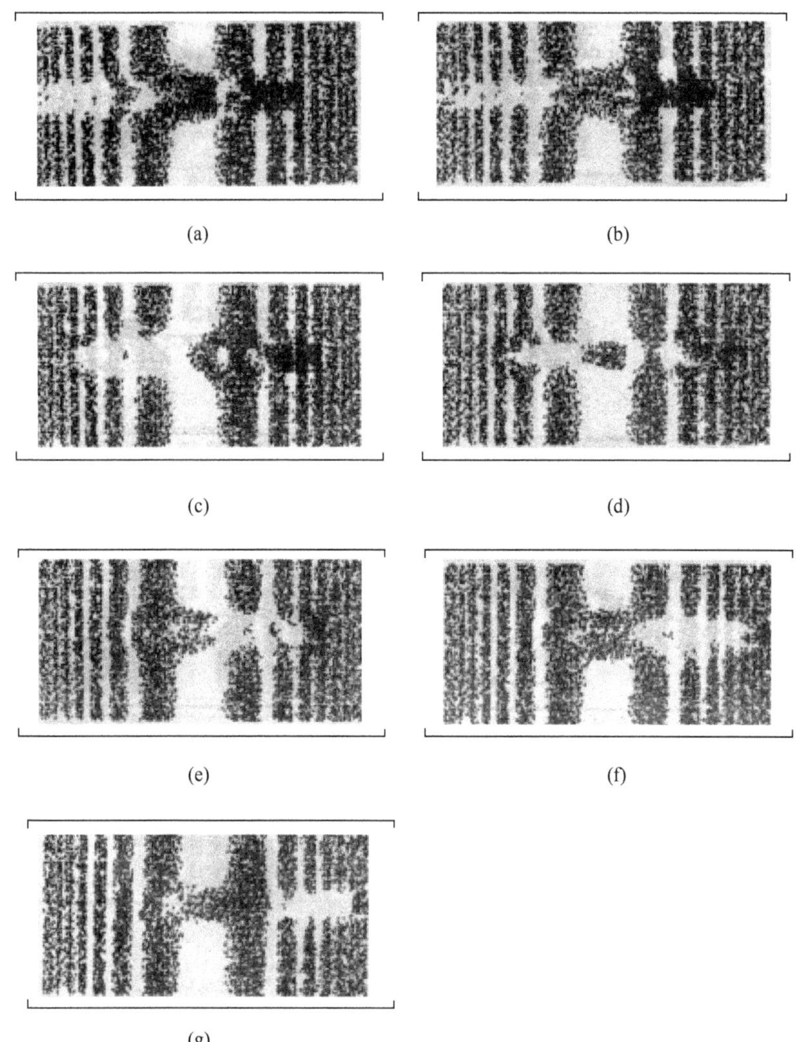

图 3.10 图像衬度随着缺陷在常数深度之下(200μm)沿着鲍曼扇移动而变化(图像宽度 510μm)
依次距直射束距离为：(a)30 μm；(b)50μm；(c)70μm；(d)90μm；(e)110μm；(f)130μm；(g)150μm

3.3.5 图像随缺陷深度的变化

平行于入射平面的图像长度是由缺陷在晶体内的深度所决定的。图 3.11 显示一个缺陷垂直于晶体表面移动所给出的一系列图像。图像宽度可以由缺陷在鲍曼扇中的投影这种简单的几何考虑作合理的解释。从这一点出发，可以立刻测定缺陷在晶体中的深度。另外，这张图再次显示，随着缺陷移动从直射束(图 3.11(a))离开，图像的头部变得不那么明显(图 3.11(d))，甚至几乎消失(图 3.11(g))。

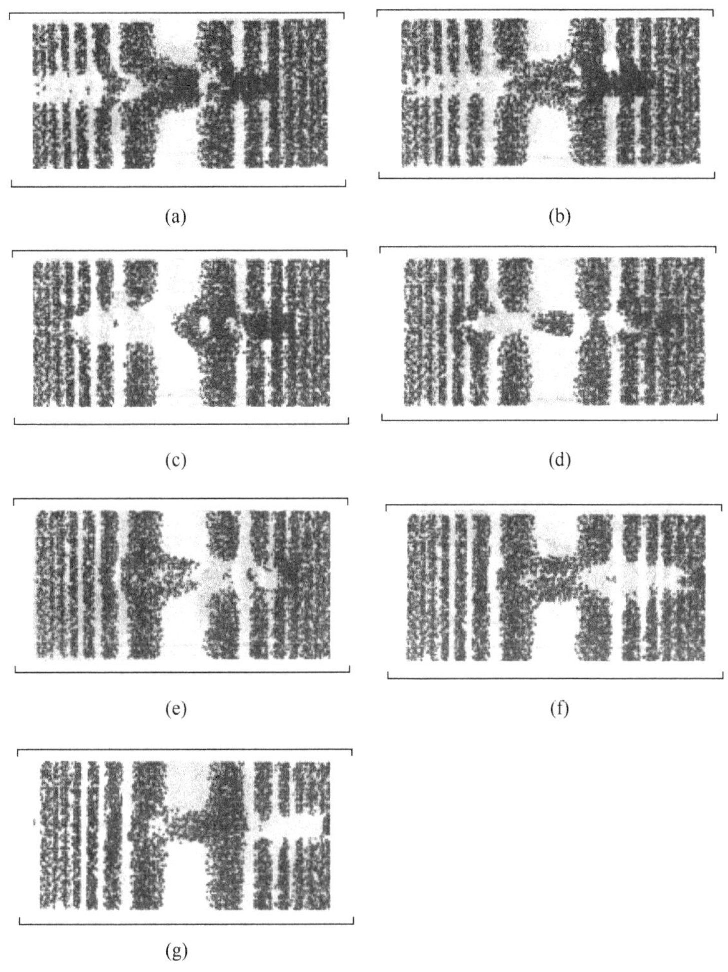

(a)　(b)　(c)　(d)　(e)　(f)　(g)

图 3.11　图像的衬度随缺陷在晶体表面以下距离而变化(图像宽度 510μm)

(a)100μm；(b)200μm；(c)300μm；(d)400μm；(e)500μm；(f)600μm；(g)700μm

3.4　与实验的比较

在一个样品内，我们实验观察到图像衬度具有广泛的变化范围。我们的第一反应是，假定这些不同图像是由沉淀物尺寸分布范围所决定的。事实证明不是这样的，因为图像垂直于入射面的高度对于所有图像都是很相似的(图 3.12)。因此对实验图像的模拟结果表明，缺陷应变场的大小是类似的，而且在这一特定的热处理条件下(500℃，30min)，缺陷尺寸是显著均匀的。在更高温度的情况下不是这样的，我们曾揭示样品经 1000℃退火后，由大的沉淀物发射出位错环[5,18]，从而能在形貌照片上个别地予以清晰辨别。

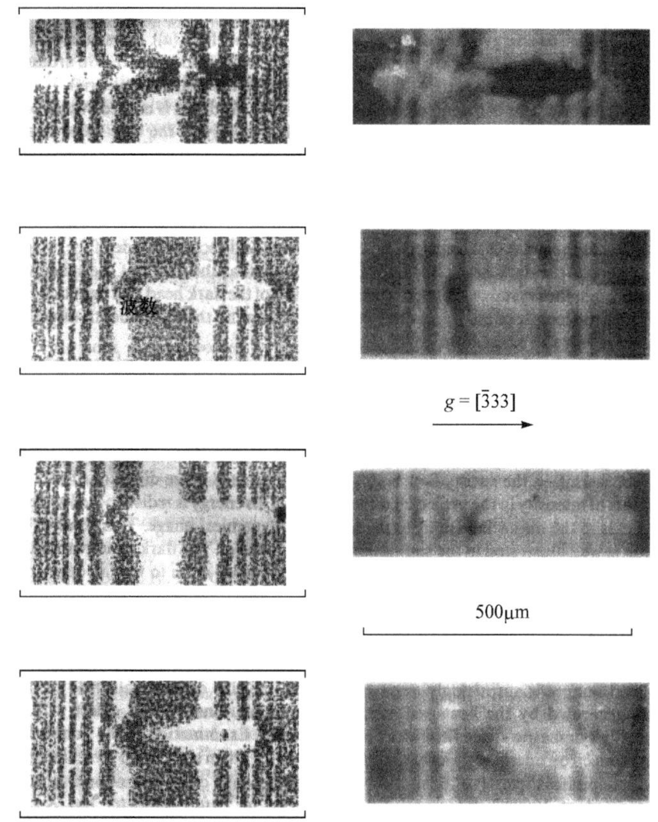

图 3.12 实验与模拟图像的比较，所有模拟图像使用形变参数 $C=5\times10^{-20}\mathrm{m}^3$，但是晶体厚度和在鲍曼扇中的位置允许改变

3.5 关于晶体中球状应变中心形貌理论模拟的经验与结论

我们可以借助简单的几何关系和能量在完整晶体中鲍曼扇的分布，理解形貌图像的主要性质。当缺陷靠近直射束时出现的黑头是缺

陷周围的形变引起沿 *DA*(图 3.5(a))反射能量的增加。在直射束中存在一部分不满足完整晶体 Bragg 定律的光线，但它在缺陷周围的晶体畸变区域能满足 Bragg 条件，从而在 *A* 点有一个强度增大。随着缺陷移动离开直射束，黑头减弱或消失；所以，黑头的可见性是缺陷离开直射束距离的一个指示。

亮的尾部相应于 Authier 命名的动力学像[40]，它起源于沿 *DC* 方向传播的能量流受到缺陷扰动，波场经由小扇 *CDA* 再分布致使强度在 *C* 点处损失。相对于黑的头部，亮的尾部总是位于图像的直射束一边。从图 3.5(a)可以清楚地看到，球状缺陷经由晶体的深度决定黑头与亮尾之间的分离度；所以，通过测量实验图像的长度可以直接确定缺陷所在的深度，而无须借助模拟。

在黑白衬度之间，有起源于新旧波场之间相互干涉引起的明暗相间的条纹，称为中间像。当缺陷靠近直射束时，它出现在直接像和动力学像的中间；当缺陷靠近衍射束边时(图 3.5(b))，动力学像是在反转的位置。后一种情况下，能量流靠近衍射束方向，因此沿投影方向 *DC* 有一个能量损失。此能量作为小扇内新波场向动力学像左边重新分布。这种位置的反转已由图 3.10(d)～(g)很好地演示了。由于靠近扇边缘的新波场有一个角度的压缩，而且应变场向扇的边缘区域扩展了一定的距离，黑头重新出现了。

我们发现，采用正数的形变参数 *C* 能使得模拟图像与实验达到最好的符合。麦振洪等得出缺陷周围的点阵应变是压缩性的[38]。所有的模拟都采用了具有球对称应变场的点状缺陷的模型。扫描电子显微镜已观察到 0.5μm 大小的坑，但没有看到沉淀物本身。X 射线形貌研究已揭示，沉淀物的大小强烈地依赖于样品的热处理温度[18]。所以我们相信这里所研究的沉淀物的尺寸小于 1μm，从而点缺陷近似能满足 X 射线消光距离的尺度。

我们已经证明，采用一个简单的各向同性应变场可以成功地对硅中的球状缺陷的 X 射线截面形貌图像进行模拟，并与实验很好地符合。特别是我们发现：

(1) 垂直于入射面的图像高度仅由缺陷周围应变场的大小决定；

(2) 入射面上图像的长度单独地由缺陷通过晶体的深度所决定；

(3) 具有黑的头部和亮的尾部特征的动力学像与中间像之间的相对位置，可以用来测定缺陷离开直射束的距离。

这里报道的方法特别适用于氧沉淀物研究，以及在器件制造过程中发生的由某些缺陷引起的衬度的变化。

第4章　硅单晶中早期氢致缺陷的X射线统计动力学衍射理论和实验研究

4.1　低温热处理的氢气区溶硅单晶的高能同步辐射截面形貌

前面几章已讲过以下事实：氢气区溶硅单晶中氢的存在已由红外吸收光谱证实[5,17]；含氢的硅单晶经继后的退火后会产生氢致缺陷[5,18]，缺陷的特征依赖于退火条件；经 500℃退火的样品中形成小的球状应变中心，已经在第 3 章通过 X 射线截面形貌的衍射动力学实验和理论模拟方法进行了研究；样品经更高温度的退火，如 1000℃，应变中心发射出位错环，给出 X 射线投影形貌中的雪花形缺陷[5]。尽管已取得以上的进展，但是温度低于 500℃退火后样品中氢致缺陷的形态还须进一步研究。

早期的氢致缺陷由于其尺寸小，截面形貌不容易单独发现它们的衬度。Kato 发展了一个描写包含统计分布的微缺陷晶体中的 X 射线统计动力学的衍射理论[41]。在这一理论中晶体缺陷能够被所谓的静态德拜-沃勒因子(static Debye-Waller factor，SDWF)处理，即使它们在截面形貌中是不可见的。Sugita 等[42]，Iida 等[43]和李明等[44-47]已经成功地把 SDWF 方法用于诸如氧沉淀等一些硅中的微缺陷。由于 X 射线统计动力学衍射理论在学术和实用上的价值，Kato 教授于 1993 年在北京举行的国际晶体学年会上获得了 Eweld 奖。在本工作中我们把 SDWF 方法用于经过低于 500℃退火的硅单晶中所形成的早期氢致缺陷。

通过管道实验揭示，在掺硼的 p 型硅中氢处于键中心(BC)位置[49]；而认为掺磷的 n 型硅中氢位于四面体间隙[II,p24]。但是到目前为止还不知道在什么情况下或在什么集团中氢是易活动的[II,p135]。我们通过高能同步辐射截面形貌和 SDWF 方法，对硅中的早期氢致缺陷进行了系统的研究。我们还提供证据表明，BC 位的氢或 B-H-Si 集团中的氢与 T_d 位的氢相比较，在热激活下是易活动和不稳定的[50]。

样品是在氢气区溶的硅单晶。n 型硅是掺磷的，ρ=60Ω · cm，相当于施主浓度为 $6\times10^{13}cm^{-3}$；p 型硅是掺硼的，$\rho=10^4$Ω · cm，受主浓度为 $10^{12}cm^{-3}$。氢含量大约为 $1\times10^{17}cm^{-3}$，氧含量为 $1\times10^{16}cm^{-3}$，碳含量小于 $1\times10^{16}cm^{-3}$。单晶棒被切割成 5mm 厚的晶片，它们的表面经机械和化学抛光后放入氮气氛的扩散炉中进行一系列给定温度下的等时退火(保温 20min)，控温精度为 2℃。所用的 n 型样品与以前的工作使用的样品相同[5,17,18,36,37]，有关样品的详细情况列于表 4.1。

表 4.1　沉淀的氢分子含量随等时退火温度的变化

样品	退火温度/℃	$n(H_2)/\times10^{17}cm^{-3}$
n-1	生长态	0
n-4	377	0.05
n-5	417	0.08
n-6	465	0.15
n-8	500	0.15
p-1	生长态	0.1
p-5	417	0.27
p-6	450	0.29
p-7	476	0. 3

一个厚度与上述样品接近的、在真空中区溶生长的硅单晶样品作

为红外吸收光谱测量的参考样品。用 Perkin-Elmer 580B 红外光谱仪测量差示光谱。从红外吸收系数来计算氢含量参考方容川提出的用于非晶态硅中的氢的一个方法[14]。为此，这里获得的氢含量是近似的。初始的氢含量为 $1\times10^{17}\text{cm}^{-3}$，它是从 2210cm^{-1}，2124cm^{-1}，1990cm^{-1} 和 1949cm^{-1} 的 Si—H IR 峰测得的[17]。退火中孤立的氢含量的减少等于晶体中沉淀的氢分子含量 n 的两倍，后者示于表 4.1。

X 射线实验是在日本筑波高能物理国家实验室光子工厂的 14 站完成的。使用波长为 0.2Å 的单色光，它使得我们能够采用厚度达到 5mm 的样品，以便增加截面形貌中 Pedellösung 条纹的数量，达到较高的计算精度。分别用(6 6 0)和(10 10 0)反射拍摄形貌照片，记录于 Ilford4 核子底片上。

4.2 X 射线统计动力学衍射理论和模型

按照统计动力学衍射理论[41]，对于无序分布的、小的应变中心，X 射线散射强度可表示为

$$I_{\mathrm{h}} = E^2 I_{\mathrm{h}}^{(\mathrm{c})} + E^2(1-E^2) I_{\mathrm{h}}^{(\mathrm{m})} + (1-E^2) I_{\mathrm{h}}^{(\mathrm{i})} \tag{4.1}$$

这里，E 是静态德拜-沃勒因子，$I_{\mathrm{h}}^{(\mathrm{c})}$，$I_{\mathrm{h}}^{(\mathrm{m})}$ 和 $I_{\mathrm{h}}^{(\mathrm{i})}$ 分别是相干的、混合的和非相干的项。对于对称的劳埃几何，相干分量写作

$$I_{\mathrm{h}}^{(\mathrm{c})} = AK_{\mathrm{h}}^{2} \left| J_0 (2K_{\mathrm{h}} E_{\mathrm{t}} \left[(1-x/W)x/W \right]^{1/2} / \cos\theta_{\mathrm{B}}) \right|^2 \exp(-\mu t / \cos\theta_{\mathrm{B}}) \tag{4.2}$$

这里，A 是一个常数，$K_{\mathrm{h}}=\lambda r_0|F_{\mathrm{h}}|v$ 是散射强度，t 是晶体厚度，W 是截面形貌的宽度，x 是截面形貌中的一个位置(图 4.1)，J_0 为零级贝塞尔函数，而 μ 为吸收系数。

方程(4.1)和(4.2)表明，与完美晶体相比，不完美晶体的相干强度随因子 E^2 减小，而 Pendellösung 振荡周期被 $1/E$ 因子拉长，因此 E 能提供关于样品中微缺陷的信息。对于完美晶体 E=1，一般地，$0<E<1$。

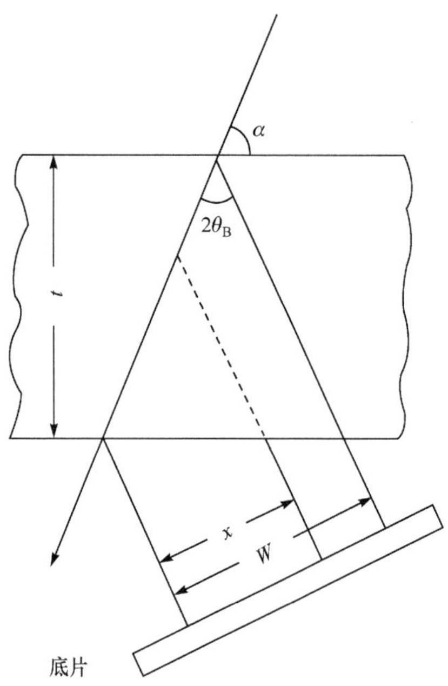

图 4.1 定义截面形貌中位置的几何参数

对于近完美晶体，X 射线漫散射是弱的、不影响 Pendellösung 条纹的空间结构，因此我们用一个多项式近似地表示方程(4.1)中的非相干项和混合项，用如下公式表示理论强度分布

$$I_h(x) = C_1|J_0(2K_hE_t[(1-x/W)x/W]^{1/2}/\cos\theta_B)|^2+C_2+C_3(x/W-1/2) \tag{4.3}$$

这里，C_1，C_2，C_3 和 E 是拟合参数。在拟合程序中计及由于入射狭缝的有限宽度和密度计有限光阑产生的截面形貌的模糊，我们把实验强度与由方程(4.3)和一个近似窗口函数的卷积得出的理论值加以比较。

按照定义

$$E = \exp(-L_h) = \langle \exp(-\mathrm{i}\boldsymbol{h}\cdot\boldsymbol{u}_j) \rangle \tag{4.4}$$

这里，$\boldsymbol{h}$ 是散射因子，$\boldsymbol{u}_j$ 是第 j 个原子相对于完美晶格的位移。对于低浓度和小位移的缺陷，L_h 能近似地由下式给出

$$L_h = c\sum_j[1-\cos(\boldsymbol{h}\cdot\boldsymbol{u}_j)] \approx (c/v_0)\int \mathrm{d}\boldsymbol{r}\{(1-\cos[\boldsymbol{h}\cdot\boldsymbol{u}(\boldsymbol{r})])\} \tag{4.5}$$

这里，v_0 是硅的单位晶胞的体积，而 c/v_0 是缺陷密度。

已证明，经 500℃热处理的硅所形成的氢沉淀物是球状的，下列应变场成功地用于它们在截面形貌中衬度的模拟[37]

$$u_r = C/r^2 \tag{4.6}$$

此处，C 是一个决定形变大小和符号的常数。现在我们假定，低于 500℃热处理的硅中所形成的早期氢致缺陷也是球状的，其位移 $u(r)$表示为

$$\boldsymbol{U}(\boldsymbol{r}) = \varepsilon\,\boldsymbol{r}, \quad r < R_0$$

或

$$U(\boldsymbol{r}) = \varepsilon\,(R_0^{\,3}/r^2)\boldsymbol{r}_0, \quad r > R_0 \tag{4.7}$$

这里，R_0是沉淀物的半径，$\boldsymbol{r}_0$是 $\boldsymbol{r}$ 的单位矢量，ε是弹性常数，假定它与 R_0无关。将式(4.7)代入式(4.5)得出 L_{h}随 R_0的变化。

为方便起见，计算的静态德拜-沃勒因子(SDWF)称为归一化的 SDWF，同实验的 SDWF 由下式相联系：

$$£_{\mathrm{h}} = L_{\mathrm{h}} v_0 / cV \tag{4.8}$$

£随半径的变化由图 4.2 表示。式(4.8)中实验和计算的 SDWF 之间的比例常数可以表示为

$$cV/v_{\mathrm{H}} n_{\mathrm{H}} \tag{4.9}$$

这里，V是沉淀物的平均体积，v_{H}和 n_{H}分别是 H_2分子的体积和密度。

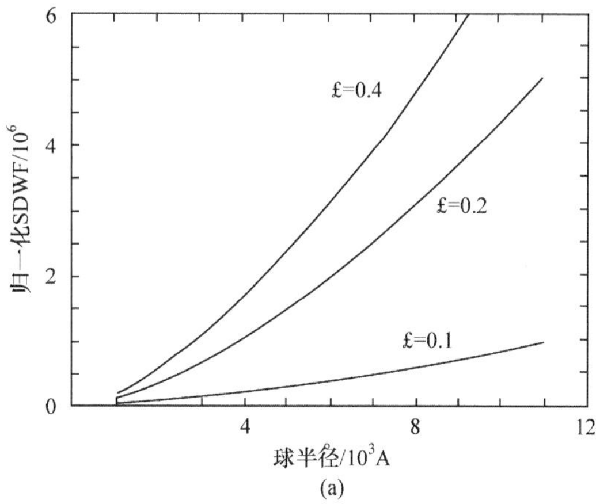

(a)

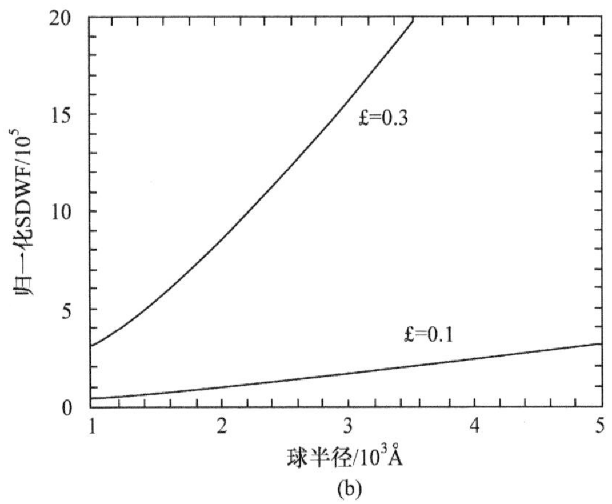

(b)

图 4.2　各向同性介质中的球状沉淀物计算的£随其半径的变化

(a)(6 6 0)散射矢量；(b)(10 10 0)散射矢量

理论计算表明，氢分子是硅中氢的聚合物中最稳定的状态[51]。在第 5 章，将讨论关于证明硅单晶中存在氢分子的相关实验。我们简单地假定，氢沉淀物是在热激活下沿晶格的⟨110⟩通道凝聚的氢分子。但是，我们不能标定式(4.7)中的应变常数ε，因为目前还缺少有关它的计算结果。尽管如此，我们还是能从几个独立的实验和理论的参数对ε做出以下恰当的估计。可以假定在一定的退火温度下，沉淀物的尺寸围绕平均尺寸近似地按高斯分布。形貌实验揭示平均尺寸随退火温度的增大而增大。Green 等指出对于 n 型硅经 500℃，1h 退火，照片上绝大多数衬度可以采用式(4.6)中同一形变参数值 $C=5\times10^{-20}\text{cm}^3$ 进行模拟[37]。这就意味着同样温度下的形变参数近乎整分布。因此上述参数 C 值表示一个平均的应变。事实上，垂直于入射面的图像高度仅仅由缺陷周围应变场的大小所决定，而这一高度对于照片上大多数缺陷是相似的。这里沉淀物的平均尺寸大约为 5000Å[37]。

将上述两个参数代入式(4.6)和式(4.7)可得到 n 型样品$\varepsilon=0.4$。对于 p 型硅的应变常数将在 4.4 节讨论。从样品 n-8 的截面形貌照片估计密度为 $5\times10^4\text{cm}^{-3}$ 和 $n_\text{H}=0.15\times10^{17}\text{cm}^{-3}$(见表 4.1)。从式(4.9)得出氢分子的体积 $v_\text{H}=1.75\times10^{-24}\text{cm}^3$。这个值非常接近从氢分子直径(2 倍原子间距)得出的数值($1.7\times10^{-24}\text{cm}^3$)。这说明我们的模型是合理的。另一方面，上述数值比标准状态理想气体估计值小很多(10^4 倍)。我们据此推断

在硅点阵中的 H_2 分子集团是受挤压的，换言之，沉淀物周围点阵处于压缩性应变状态。事实上，所有硅中氢沉淀物的应变场 $u(r)$都是正值[37]。进一步地，如果这种小的沉淀物发展到一定阶段，以至于压力超过硅的屈服强度，就像在 1000℃热处理下(因为强大的氢压使得位错从集团壁向外滑移)，形成由棱柱位错或卷线位错组成的雪花形缺陷。这就是前面讲过的，由晶体内部的“氢胀”引起氢致缺陷的机制[5,18]。

4.3　单晶硅的高能同步辐射截面形貌图及其强度分布的模拟

图 4.3 显示样品 n-1，n-4，n-5 和 n-6 的(6 6 0)反射截面形貌图。对于原生态的样品 n-1(图 4.3(a))和在 377℃退火的样品 n-4(图 4.3(b))没有检测到缺陷；但是在经过 417℃退火(图 4.3(c))和经过 465℃退火的样品(图 4.3(d))分别出现了一些缺陷衬度。相应于图 4.3 所示的强度分布和计算的强度分布由图 4.4 显示。图形的拟合参数列入表 4.2。

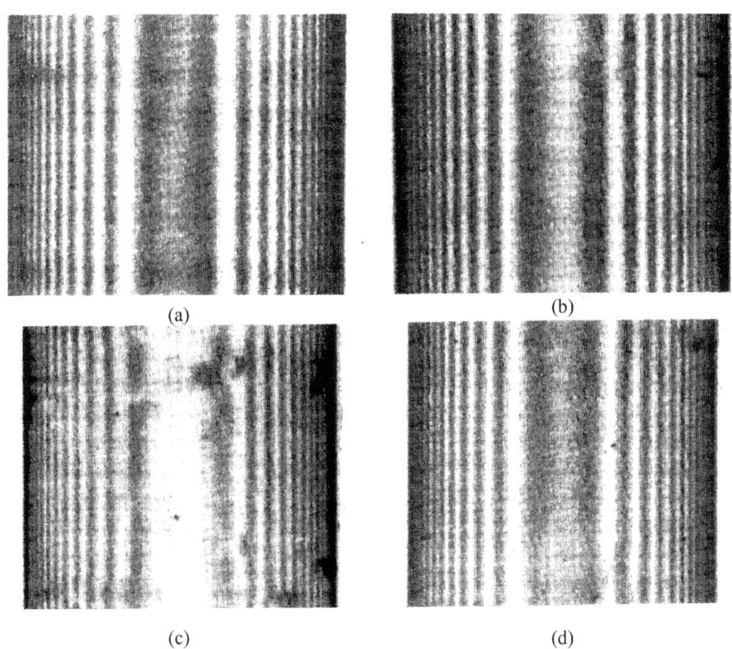

图 4.3　样品的截面形貌

(a)n-1；(b)n-4；(c)n-5；(d)n-6

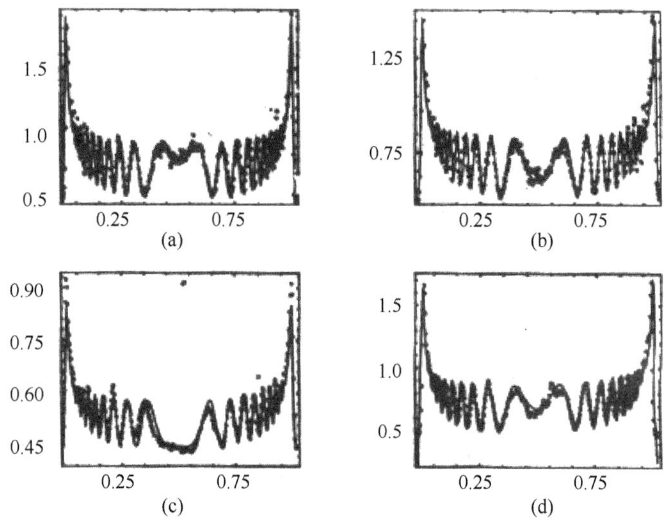

图 4.4　相应于图 4.3 的强度分布

(·)实验；(—)计算

表 4.2　氢气区溶硅单晶经后继退火的 L_h，C_1 和 C_2 值

样品	反射	L_h	C_1	C_2
n-1	6 6 0	0.1869	0.47	0.01
	10 10 0	0.7722	0.42	0.04
n-4	6 6 0	0.1929	0.51	0.005
n-5	6 6 0	0.2550	0.44	0.01
n-6	6 6 0	0.2694	0.47	0.06
p-1	6 6 0	0.1977	0.48	0.01
	10 10 0	0.7765	0.11	0.015
p-5	6 6 0	0.1958	0.45	0.01
	10 10 0	0.7754	0.115	0.02
p-6	6 6 0	0.2033	0.45	0.01
	10 10 0	0.7952	0.18	0.002
p-7	6 6 0	0.2147	0.45	0.01

从图 4.4 可以看到，计算的 Pendellösung 振荡同实验符合得非常好，证明统计动力学衍射理论对近完整晶体是一个令人满意的处理方法。

其余样品的截面形貌和强度分布分别由图 4.5～图 4.8 显示。

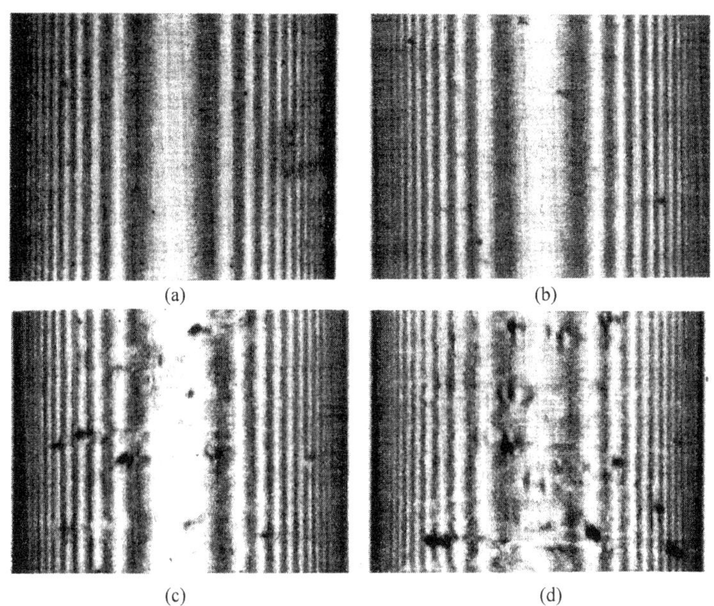

图 4.5　样品 p-1(a)，p-5(b)，p-6(c)和 p-7(d)的(6 6 0)反射截面形貌

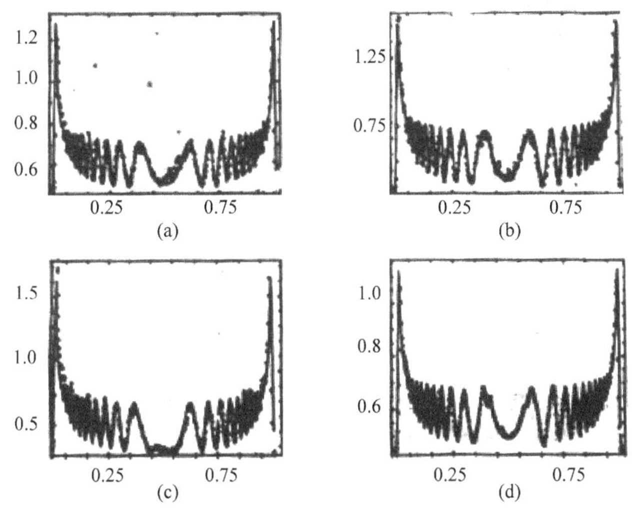

图 4.6　相应于图 4.5 的强度分布

(·)实验；(—)计算

原生态样品 n-1 的(10 10 0)反射的截面形貌由图 4.7(a)显示，照片上很难看到任何缺陷，尽管这张照片的灵敏度高于用(6 6 0)反射得到的图 4.3(a)。由此我们假定样品 n-1 是完整的或与其他样品相比可以

作为没有氢沉淀物的样品；然后，其他样品的 SDWF 能定义为减去样品 n-1 相应的 SDWF 的值。在后面的段落我们将看到，这样做是为了区别样品中氢致缺陷与其他可能类型缺陷的一个必要的步骤。

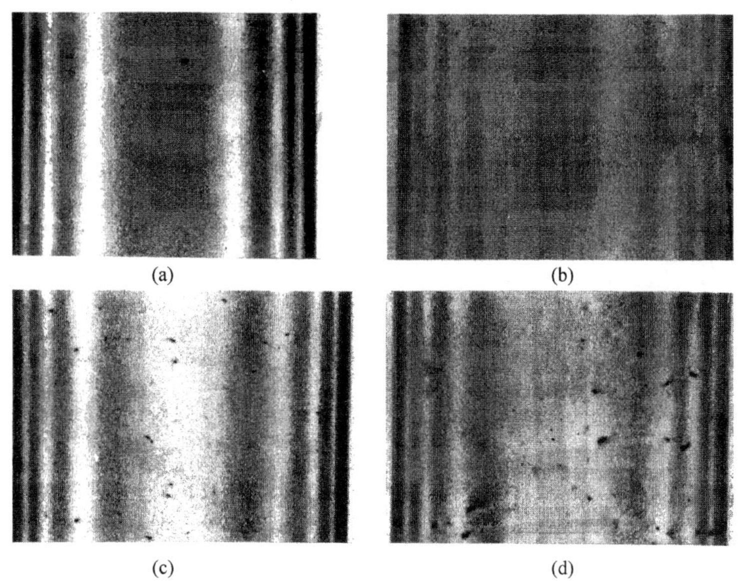

图 4.7　样品 n-1(a)，p-1(b)，p-5(c)和 p-6(d)的(10 10 0)反射的截面形貌

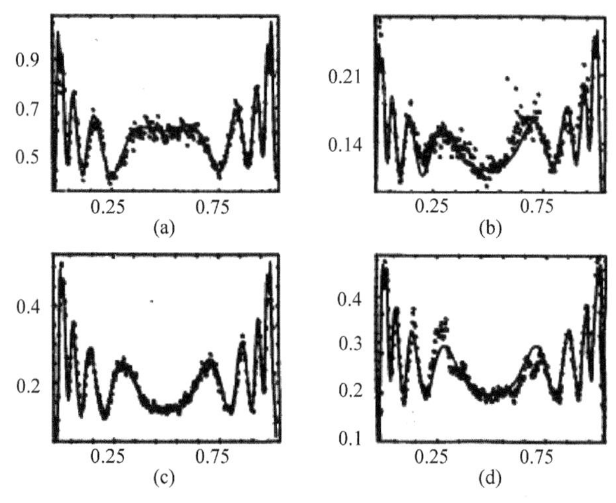

图 4.8　相应于图 4.7 的强度分布

(·)实验；(—)计算

p 型样品的(6　6　0)和(10　10　0)反射的截面形貌分别由图 4.5 和

图 4.7(b)～(d)显示。与 n 型样品不同，在 p 型样品中氢沉淀出现得早，即使在未经退火的原始样品 p-1 中就已经出现了。红外吸收光谱表明，在这个样品中存在 $0.1\times10^{17}\text{cm}^{-3}$ 沉淀的氢分子。这意味着 p 型样品中最初氢的存在状态与 n 型样品相比是不稳定的。相应于图 4.5 和图 4.7 的强度分布及其模拟分别由图 4.6 和图 4.8 显示。拟合参数列入表 4.2。

对于经 500℃退火的 n 型样品 n-8，(6 6 0)反射的 Pendellösung 条纹被缺陷阻断了；而(10 10 0)反射的条纹则完全被照片上大的沉淀物所破坏。经 476℃退火的 p 型样品 p-7，(10 10 0)反射的 Pendellösung 条纹被大的沉淀物缺陷阻断。上述形貌照片不能用于测量 E 因子。

在进一步借助于缺陷随退火发生几何演变来解释 E 因子的变化之前，我们需要考虑所有可能的缺陷。首先可以排除漩涡缺陷，因为在氢气区溶硅单晶中由于氢的抑制作用不存在这种缺陷；另外，由于我们的样品中氧含量很低，氧沉淀也可以忽略不计。除去上述考虑，正如前面已说过，我们最好采用一个可以假定为没有氢沉淀的参考样品，以便消除未知的应变因素。除此之外，样品的表面损伤也能影响 E 因子。我们看到样品 n-5 和 n-6 的 SDWF 值较高，而从它们的(10 10 0)反射的形貌照片上发现 Pendellösung 条纹被不理想的抛光所引起的表面损伤所干扰。对于这两个样品 L_h 被高估大约 0.0457(见下文)。

从表 4.2 我们看到，在生长阶段 p 型硅的 SDWF 高于 n 型硅，这表明 p 型硅存在生长态的沉淀物。但是，p 型样品的 L_h 随增大退火温度的变化与 n 型样品相比不是那么明显(考虑到 n-5 和 n-6 的 L_h 高估之后)，尽管照片上出现了明显的氢沉淀物(见图 4.5 和图 4.7(b)～(d))。

正如在 4.1 节中说过，氢在两种样品晶格中最初的格点位是不同的。在 p 型硅中氢处于 BC 位置，形成 Si-H-Si 或 B-H-Si 集团。在此处 Si—H 键长度是 1.6Å[52]，与在硅烷中相比(大约 1.48Å)是增大的。这种 Si—H 键长度的增大是由于固态中的介电效应；由于两个硅原子有 0.43Å 的位移，一个 Si—H 集团会有较大的应变。因为 Si 与 B 原子半径接近(Si 为 0.26Å，B 为 0.23Å)，一个 B-H-Si 集团包含较小的应变。另一方面，因为 P 原子半径较小(0.17Å)，一个 P-H-Si 集团将释放一部分应变。另外，已确认在 n 型硅或未掺杂的硅中，氢原子的主要位置是间隙 T_d 位，它引起的应变较小。上面描述的氢在硅中不同的初态导致它们在热处理中的不同的热行为。首先，p 型硅中氢是易活动的并且与 n 型硅中的氢相比是不稳定的；事实上，在 p 型硅的生长阶段已经有一部分的氢凝聚形成氢沉淀物。其次，我们可以认为 Si-H-Si 集团或 B-H-Si 集团对 SDWF 有贡献，而 n 型硅中 T_d 位的氢则不能。因为 p 型中 Si-H-Si 或 B-H-Si 集团分解时将释放部分的应变并抵消氢沉淀物形成时引起的应变增加。最终，在退火中形成的氢沉淀的尺寸和密度相同的情况下，p 型硅中的应变与 n 型硅相比是较小的。根据上述考虑，我们在对 p 型样品实验曲线的拟合中采用较小的应变参数。依据沉淀的氢分子的含量(见表 4.1)，得出对于 p-1，ε=0.3；对于 p-5，p-6 和 p-7，ε=0.1；而对 4.3 节中讨论过的所有 n 型样品均采用ε=0.4。图 4.2 表示归一化的 SDWF 随沉淀物半径的变化(对ε=0.1，ε=0.3 和ε=0.4 分别画出)。

由(6 6 0)反射计算得出的氢沉淀物的半径和密度随着退火温度的变化分别由图 4.9 和图 4.10 所示。在计算中我们已经做了对样品 n-6 的 L_h 高估的校正如下：由于在 465℃退火的样品 n-6 沉淀物的半径接近于经 417℃退火的样品 p-5 的半径，我们令其等于 3500Å，这个值接近于样品 p-5 的 R_0(3667Å)；然后样品 n-6 的高估值计算为 0.0457，该值也用于校正样品 n-6 的 L_h。经过这一粗略的校正，图 4.9 和图 4.10 能提供有关硅中氢在热处理中的沉淀过程一个半定量的描述。对于 p 型硅存在生长态的氢沉淀物，而且在继后的退火期间氢沉淀的速度是很快的。当退火温度超过 400℃后，发现其沉淀物的半径快速增大而密度快速减小。对于 n 型硅，除了 n-5 的形貌照片中呈现少量大的缺陷(我们考虑是因为生长过程中的偶然性)外，氢沉淀过程与 p 型硅相比发展缓慢。

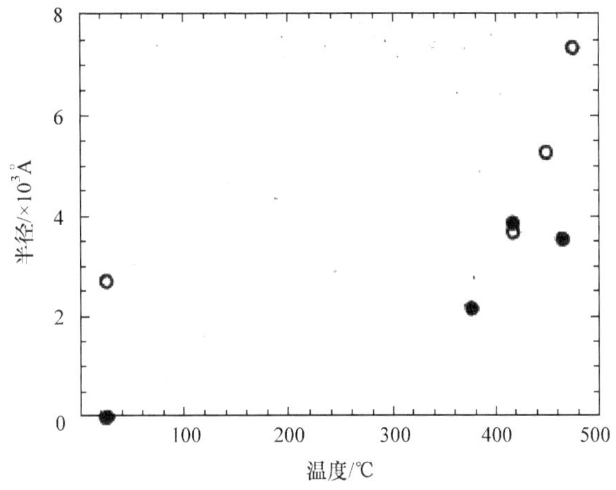

图 4.9 由(6 6 0)反射计算得出的氢沉淀物的半径随退火温度的变化

其中(•)为 n 型样品，(∘)为 p 型样品

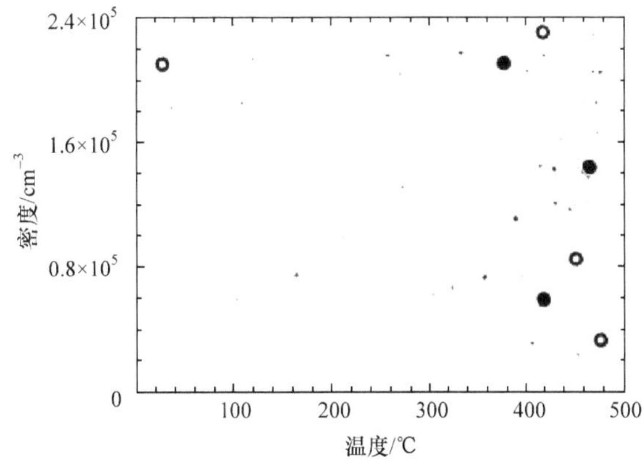

图 4.10 由(6 6 0)反射计算得出的氢沉淀物的密度随退火温度的变化

其中(•)为 n 型样品，(∘)为 p 型样品

应当指出，静态德拜-沃勒因子 E 是对缺陷的整体分布敏感的，然而形貌照片仅揭示尺寸大于其分辨率极限的那部分缺陷。因此可以预期，从 E 导出的缺陷密度大于从照片估计的缺陷密度，而对缺陷的半径来说是相反的。这就解释了为什么从图 4.5(b)统计的缺陷密度比由 E 因子计算的密度低两个数量级。我们还注意到随着退火温度增高，由

E 因子计算的密度逐渐减小，而从照片计算的密度逐渐增大(对 n 型硅是在 0 与 $10^4 cm^{-3}$之间；对 p 型硅是在 10^3 与 $10^4 cm^{-3}$之间)。这种偏离表明 E 因子适合测量比截面形貌分辨率小的缺陷。换句话说，直观形貌可能低估缺陷密度。

值得注意的是，与采用(6 6 0)反射(图 4.9 和图 4.10)相比，用(10 10 0)反射(图 4.11 和图 4.12)获得氢沉淀较小的半径和较高的密度。这是由于采用高级反射时具有较小的 Bragg 角宽度，因而检测弱应变时具有更高的灵敏度。这一点提示我们应用 SDWF 方法时应尽量使用高级反射。

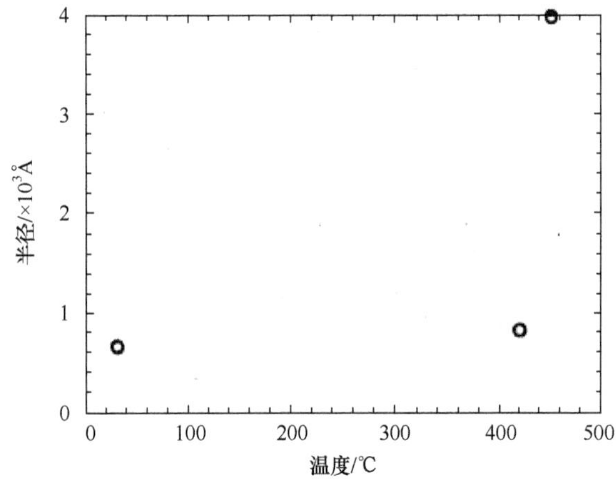

图 4.11　由(10 10 0)反射提供的 p 型硅中氢沉淀的半径随退火温度的变化

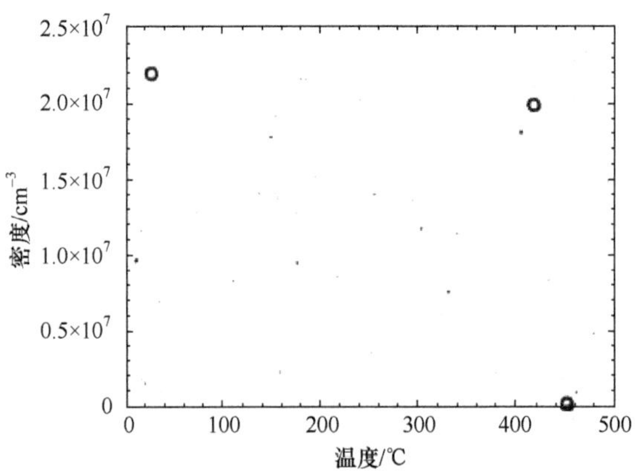

图 4.12　由(10 10 0)反射提供的 p 型硅中氢沉淀的密度随退火温度的变化

4.4 同步辐射形貌结合静态德拜-沃勒因子分析导出的结论

本章采用高能同步辐射形貌结合静态德拜-沃勒因子(SDWF)的方法，研究了氢气区溶硅单晶中的早期氢致缺陷。我们发现对于 n 型硅和 p 型硅，SDWF 分别以不同的方式随退火温度变化。我们用两类硅中的氢具有不同的初始状态解释了这一现象，提出了硅中氢致缺陷的氢分子集团模型，根据 SDWF 和 IR 结果计算了在不同热处理温度下形成的氢沉淀的半径和密度。用简单的模型给出的近似计算，初步描述了硅中氢沉淀随退火温度的演变。实验和理论结果提供证据表明，与 n 型硅中的氢相比，p 型硅中的氢在热激活下是易活动的和不稳定的，具有更高的扩散速度。

第 5 章　半导体中的分子氢及相关缺陷

5.1　晶体硅中氢分子振动的 Raman 谱观察

从前几章我们已了解硅单晶中的氢原子及其引起的缺陷，那么硅单晶中是否存在氢分子？我们讨论氢致缺陷的形成机理时，依据硅单晶中 Si—H 红外吸收谱及其随温度的变化的结果曾经设想，氢气区溶硅单晶中氢原子是处于过饱和的亚稳态，热处理后它们会脱溶沉淀，进而在晶格中某处聚集形成氢分子；当采用静态德拜-沃勒因子方法模拟同步辐射截面形貌时，也曾假定样品在退火的早期晶格中就出现了氢分子集团。那么这些设想能成立吗？我们在本章来回答这个问题。

1996 年(注意这是在硅单晶中 Si—H 红外吸收谱的最早工作[1,5]发表近二十年之后)，Murakani 和 Fukata 等发现经 180～500℃氢等离子体氢化处理的浮区(FZ) p 型硅晶体中，显示波数为 4158cm^{-1} 的振动 Raman 线[53,54]。用氘原子处理的样品则出现 2990cm^{-1} 的同位素位移，从而证明上述样品中存在分子态的氢。Raman 线的形状是宽的和非对称的，至少包含两个分量。该文作者假定氢分子位于不同的硅中占有点。在 4160cm^{-1} 处的分量归因于晶体硅中位于四面体间隙位的 H_2，它是理论预计存在的；4130cm^{-1} 处的分量认为是 H_2 在畸变的 T_d 位。在 100～500℃的氢化温度观察到了 Si—H 伸缩区的 Raman 谱。它的强度在 250℃有一个极大值。

上述结果发表后不久，Leitch 等同样采用 Raman 光谱观察了经过不同温度氢等离子体处理的硅中的氢分子谱线，其结果和观点与前者有所不同[55]。以下详细介绍这些最早发现硅单晶中氢分子工作的异同之处。

5.2　晶体硅中氢分子的形成

Leitch 等报道的区溶硅单晶暴露于氢等离子后的 Raman 光谱研究发现，在低的等离子温度下，氢位于硅点阵中的四面体间隙(T_d)位；高温(＞150℃)下氢处理导致氢相关小板形成，它可作为分子扩散的渗坑(sinks)。氢分子一旦被捕捉于小板所形成的延展空位中，其振动频率实际上具有与气体 H_2 分子相同的众所周知的数值。

通常人为地引入氢能使得样品产生缺陷，已有几个关于硅中的小板样氢沉淀观察的报道[56–60]。小板长度大约为几十纳米，沿着{111}晶面排列，其特征是点阵膨胀 20%～30%，并且硅悬键已被氢饱和。透射电镜研究还指出，小板含有高密度的氢，其压力高达 1GPa[61]。所以，虽然没有关于氢小板形成可被完全接受的详细模型，但最像是在氢化过程中，在 1 型(111)面处断裂的 Si—Si 键被氢钝化所形成的[60,61]。TEM 研究已指出，可观数量的 H_2 分子可能位于小板之间的开阔空间，使得那里的氢压能达到 1GPa 量级[60]。

在晶体生长或外延生长及后续的工艺步骤中，例如，标准的湿法化学蚀刻、等离子蚀刻和热处理过程，氢通常是无意识地引入硅中的；但借助于注入和等离子体氢化处理，氢也被有意识地引入硅中。Corbett 等[57]首先提出 H_2 分子在晶体硅中可能是稳定的。计算表明 H_2 分子处在或接近于硅中的四面体间隙位(T)[58–60]。

5.1 节已提到 Murakami 等在经过氢等离子体处理的硅中测量到 4158cm^{-1} Raman 线，并且鉴定该线为硅中孤立氢分子的振动激发。极具重要意义的是，他们所报道的频率与气体 H_2 的值 4161cm^{-1} 仅几个 cm^{-1} 之差[63]。作为比较，Vetterhöffer 等报道了氢化的 GaAs 中位于 T 格点孤立 H_2 分子的 3934cm^{-1} Raman 线[64]。很难统一解释上面两个值与气体分子值之间的矛盾。人们首先预期固体中的 H_2 分子的 Raman

频率相对于气体中的值有一个下降[65–67]，即氢分子在 T 位的振动频率比硅烷的值 4161cm^{-1}降低几百个波数(还可参见第 1 章中我们对固体中 Si—H 振动频率相对硅烷所作红移的解释[23])；其次，还预计在 Si 母体中 H_2分子的频率低于 GaAs 中 H_2分子的频率。后者与最近的计算结果符合[64]。

Murakani 等[53,54]认为他们所测量的 4158cm^{-1} Raman 信号来自于位于或临近硅晶格中的 T 位；而 Leitch 等提供了强烈的证据给出另外一种解释，即 4158cm^{-1} Raman H_2信号起源于被捕获于由氢等离子体引入小板缺陷后伴生的空洞内的 H_2 分子[67]；而他们报道的氢化硅中的 3601cm^{-1} Raman 线，才真正是 T 位的氢分子[69]。

Leitch 等的实验采用区溶(FZ)和直拉(CZ)的 n 型和 p 型硅片。电阻率范围是 0.97～2000Ω · cm。引入氢的方法是将样品置于氢等离子体中，样品温度为室温–400℃，持续 30min～8h。氢压固定在 1.5mbar。某些氢气氛的样品被 D 气氛或 H_2 : D_2(1 : 1)混合气氛置换。

Raman 谱是在样品温度为室温至 400℃范围内测量的，采用氩或氪离子聚集线，入射激光强度为 50～300mW，测量了直到 4500cm^{-1}的全谱范围。

5.3 经历氢化后硅的 Raman 谱的一般特征

图 5.1 显示 0.07Ω · cm P 掺杂的 FZ Si 的 Raman 光谱。其中 4157cm^{-1} 峰是孤立的 H_2 分子的振动激发，等价于 Murakani 等所报道的 4158cm^{-1} 峰[53]。图中含有氢同位素的 Raman 线能够确定性地鉴别纯氢的相关 Raman 线。图 5.1(a)显示的 2129cm^{-1} 的宽峰被鉴别为 Si—H 键的伸缩模式的著名特征信号(参见第 1 章)，这些 Si—H 键则构成了氢小板的建筑砖块。偏振 Raman 测量指出[70]，这个宽峰由两个或更多的峰组成，它们之间的相对强度与样品的热历史有关。

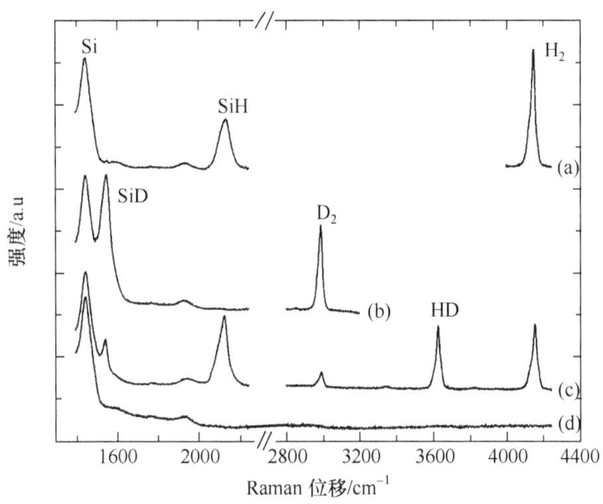

图 5.1　Si:P(FZ)在室温下的 Raman 光谱，经 200℃，8h 暴露于 H_2 等离子体(a)；D_2 等离子体(b)；H_2 : D_2(1 : 1)等离子体(c)；没有经过等离子体处理(d)

(A. W. R. Leitch, et al. *Phys.Rev.Lett.*81,421(1998))

研究表明，对于直拉或区溶样品，抑或不同的掺杂，其 Raman 线没有区别。

5.4　硅单晶中被捕捉在空洞中的氢分子

通过将氢等离子体处理的样品腐蚀掉大约 50nm，可以检测给出 4157cm^{-1} SiH 和 H_2 Raman 信号的样品深度。两个信号自表面以下同步地减小，显示小板延伸到至少与氢分子同样的深度。这表明 Si 中 4157cm^{-1} H_2 Raman 信号的出现与氢小板的存在相关。重要的是 SiH Raman 信号总是与 H_2 Raman 信号相伴出现。因此可以推测，氢分子在硅点阵中藏身之地将是样品在氢化过程中由广延的小板缺陷所形成的空洞。Si 中 4157cm^{-1} H_2 Raman 信号的出现与氢小板的存在相关的进一步的证据是，两种 Raman 信号具有相同的退火特征：它们在 400～500℃范围以相同的速率消失。氢分子通过扩散出表面或扩散到材料深层而消失。

5.5　硅单晶中四面体间隙位的氢分子

实验表明，当 Si 经过较低温度(150℃, 3h)的等离子体处理后，出现了 3601cm^{-1} Raman 信号，而不是与小板结合的氢分子 4157cm^{-1} Raman 信号，如图 5.2 所示。图 5.2 的结果由表 5.1 总结，联同 Pritchard 等关于硅中氢分子的数据[70]和 Vetterhöffer 等关于砷化镓中氢分子的数据[64]一并列出。一些实验表明 3601cm^{-1} Raman 信号是 Si 中位于四面体间隙位的 H_2 分子的 Raman 信号[69,70]。这一认识也得到一些理论计算的支持[71–73]。

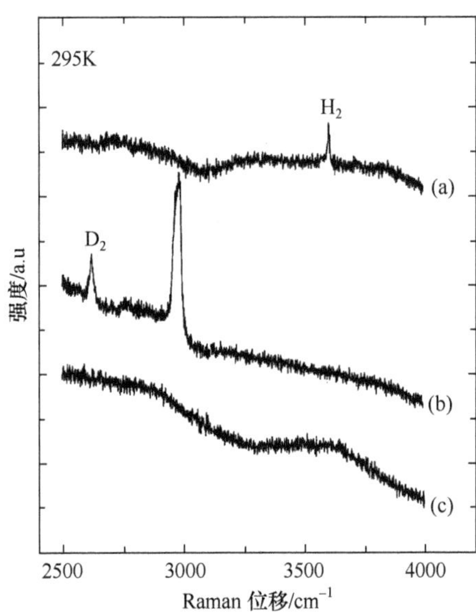

图 5.2　Si：P(0.07Ω・cm) 样品经过等离子体(150℃, 3h)暴露后的室温 Raman 谱
(a)H 等离子体；(b)D 等离子体；(c)无等离子体(A. W. R. Leitch, et al. *Phys.Rev.Lett.*81，421(1998))

表 5.1　硅和 GaAs 中测量的 T 位氢分子的 Raman 信号与气相氢分子数据的比较

母体	H_2/cm^{-1}	D_2/cm^{-1}	HD/cm^{-1}	文献
Si(295K)	3601	2622		[69]
Si(10K)	3618			[69]

续表

母体	H_2/cm^{-1}	D_2/cm^{-1}	HD/cm^{-1}	文献
Si(10K)	3618.3	2642.5	3264.8	[70]
GaAs(77K)	3934.1	2842.6	3446.5	[64]
H_2(气体)	4161.1	2993.6	3632.1	[63]

综上所述，氢在硅中所处的位置依赖于采用等离子体氢化方法引入氢的过程中等离子体的温度。

当在 150℃左右引入氢时，氢分子位于硅点阵中的四面体间隙位(T)；室温测量的振动频率为 $3601cm^{-1}$，10K 测量的振动频率增加到 $3618cm^{-1}$。硅的固体效应使得振动频率从气体时的 $4161cm^{-1}$ 减小 $500cm^{-1}$ 以上。

当引入氢的温度超过 150℃时，硅中引入小板缺陷作为氢的渗坑，同时出现强烈的 $4157cm^{-1}$ Raman 信号。该信号来自于被捕捉于小板缺陷产生的空洞中的氢分子。

作为本章的小结我们指出，到目前为止已经有氢在半导体硅、锗和砷化镓单晶中的间隙位，或等离子氢化形成的空洞和杂质(如硅在间隙氧)处被捕捉形成氢分子的证据。

理论预计氢分子在半导体中是正键能并小于在真空中的键能，因为周围固体囚笼空间的限制效应，或母体电荷密度导致键能减小和振动频率降低。如硅中一样，氢分子在砷化镓中 T 位也是稳定的，但 T_{Ga} 位优先于 T_{As} 位[71]。

硅和其他半导体中确实可以存在氢分子，依赖引入氢的条件不同，氢分子可以位于四面体间隙 T 位，也可以位于晶格内某种缺陷附近的空洞处。因此，本章结果证明我们提出氢致缺陷的形成机制和对氢致缺陷进行 X 射线衍射理论模拟时，假设氢气区溶硅单晶热处理后，氢原子在晶格中脱溶沉淀形成氢分子，继而形成氢分子集团的理论模型都是成立的。

第一篇参考文献

[1] Stein H J. J. Electron. Mat., 4(1975) 159.

[2] Sakural T, Hagstrum H D. J. Vac. Sci. Technol., 13 (1976) 807.

[3] Singh V A, Weigel C, Corbettt J W, Roth L M. Phys. Stat. Sol., B81 (1977) 637.

[4] Singh V A, Weigel C, Corbettt J W, Roth L M. Phys. Letters, 65A (1978) 261.

[5] 崔树范, 葛培文, 赵雅琴, 吴兰生. 物理学报, 28 (1979)791.

[6] Gerasimenko N N, et al. Phys. Stat. Sol., 90b(1978) 689.

[7] Mukashev B N, et al. Phys. Lett., 72A (1979) 381.

[8] Tatahiewicz J, et al. Phys. Stat. Sol., 66a (1981) K101.

[9] 麦振洪, 等. Acta Cryst., A37 (1981) Suppl., c-254.

[10] 杨传铮, 等.物理学报, 31 (1982) 278.

[11] Knights J C, et al. Phil. Mag., B37 (1978) 467.

[12] Lucovsky G, et al. Phys. Rev., B19 (1979) 2064.

[13] 蒋伯林,等.物理学报, 29 (1980)1283.

[14] Brodsky M H, et al. Phys. Rev., B16 (1977) 3556.

[15] Fang C J, et al. J. Non-Crystalire Solids, 25 & 36 (1980) 255.

[16] Wang Z Y, et al. Presented at 4th Inst. Conf. NTD-Silicon, Gaithersbury, Jun., 1982.

[17] 崔树范, 麦振洪, 葛培文, 沈德言.科学通报, 26 (1981)848； Kexue Tongbao, 27 (1982) 382.

[18] 崔树范, 麦振洪, 钱临照.中国科学, 26 (1983)1033; Scientia Sinica A, 27 (1984) 213.

[19] Shi T S, et al. Phys. Stat. Sol. A, 74 (1982) 329.

[20] Bai G R, Qi M W, Xie L M, Shi T S. Solid. State Commum., 56 (1985) 277.

[21] Shi T S, Xie L M, Bai G R, Qi M W. Phys. Stat. Sol. B., 131(1985)511.

[22] Qi M W, Bai G R, Shi T S, Xie L M. Matter Lett., 3 (1985) 467.

[23] 崔树范, 等. 物理学报, 34 (1985)1096.

[24] Sanderson R T. Chimical Periodicy. New York: Reinhdd Pub. Co., 1960, 16-56.

[25] Sugita Y. J. J. A. P , 4 (1965) 963.

[26] Hill M J, van Iseghem P M, Sittig R, Popp G. Inst. Phys. Gonf. Ser., 23(C) (1975) 522.

[27] Smith A L, et al. Spectrochimica Acta, 15(1959) 412.

[28] 许顺生, 冯端. X射线衍衬貌相学. 北京：科学出版社, 1987.

[29] 崔树范, 徐刚, 葛培文. 科学通报, 第 24 期(1979) 1112.

[30] Cui S F, Mai Z H. Chinese Phys. Lett, 3 (1986) 561.

[31] Harrison W A. Electronic Structure and the Properties of Solids. San Francisco: W.H.Freeman and Cmpany, 1980.

[32] Head A K. Aust. J. Phys. 20(1957) 557.

[33] Balibar F, Authier A. Phys. Stat. Sol., 21(1967) 413.

[34] Takagi S. Acta Crystallgr., 15(1962) 1311; J. Phys. Soc. Japan, 26(1969) 1239.

[35] Epelnoin Y. Mater. Sci. Engng, 73(1985) 1; Progress Crystal Growth Characterization, 14(1987) 465.
[36] Cui S F, Green G S, Tanner B K. Mat. Res. Soc. Symp. Proc., 138(1989) 71.
[37] Green G S, Cui S F, Tanner B K. Phil. Mag. A, 61(1990) 23.
[38] Mai Z H, Cui S F, Lin J, Lu Y. Acta Phys. Sinica, 33(1984) 922.
[39] Green G S, Tanner B K. Inst. Phys. Conf. Ser., 87(1987) 627.
[40] Authier A. Adv. X-Ray Anal., 9(1967) 9.
[41] Kato N. Acta Crystallogr. A, 36(1980) 763.
[42] Sugita Y, Sugiyama H, Iida S, Kawata H. Jap. J. Appl. Phys., 26(1987) 1903.
[43] Iida S, Sugiyama H, Suguta Y, Kawata H. Jap. J. Appl. Phys., 27(1988) 1081.
[44] 李明, 麦振洪, 崔树范. 物理学报, 43(1994)78.
[45] 李明, 麦振洪, 崔树范. 物理学报, 43(1994)84.
[46] Li M, Mai Z H, Cui S F. Acta Crystallogr. A, 50(1994) 725.
[47] Li M, Mai Z H, Li J H, Cui S F. Acta Crystallogr. A, 51(1995) 350.
[48] Pearton S J, Cobett J W, Stavola M. Hydrogen in Crystalline Semiconductors. New York: Springer, 1992.
[49] Nielsen B B, Anderson J U, Pearton S J. Phys. Rev. Lett., 60(1988) 321.
[50] Cui S F, Iida S, Luo G M, Mai Z H, Kawata H. Phil. Mag. A, 75(1997) 137-151.
[51] Van de Walle C G, Denteneer G P J H, Pantelides S T. Phys. Rev. B, 39(1989) 10791.
[52] Kim E, Lee K H, Lee H J, Lee Y H. J. Phys: Condens. Matter, 4(1992) 6443.
[53] Murakani N, Fukata N, Sasaki S. Phys. Rev. Lett., 77(1996) 3161.
[54] Fukata N, et al. Phys. Rev. B, 56(1997) 6642.
[55] Leitch A W R, Weber J, Alex V. Mater. Sci. Engin. B, 58(1999) 6-12.
[56] Pankove J I, Johnson N M. Hydrogen in Semiconductors // Semiconductors and Semimetals, vol34. Willadson B K, Beer A C. Boston: Academic Press, 1991.
[57] Corbett J W, Suhu S N, Shi T S, Snyder L C. Phys. Lett. A, 93(1983) 303.
[58] Van de Walle C G. Phys. Rev. B, 49(1994) 4579.
[59] Chadi D J, Park C H. Phys. Rev. B, 52(1995) 8877.
[60] Estreicher S K. Mater. Sci. Eng. R, 14(1995) 319.
[61] Muto S, Takeda S, Hirata M. Phil. Mag. A, 72, (1995) 1057.
[62] De ά k P D, Ortiz C R, Snyder L C, Corbett W J. Physica B, 170(1991) 223.
[63] Stocheff B P. Can. J. Phys., 35(1957) 730.
[64] Vetterhöffer J,Wagner J,Weber J. Phys. Rev. Lett., 77(1996) 5409.
[65] Okamoto Y, Saito M, Oshiyama A. Phys. Rev. B, 56R(1997) 10016.
[66] Hourahine B, et al. Phys. Rev. B, 57(1998)R 12666.
[67] Van de Walle C G. Phys. Rev. B, 57(1998) 2033.
[68] Leitch A W R, Alex V, Weber J. Solid State Commun., 105(1998) 215.
[69] Leitch A W R, Alex V, Weber J. Phys. Rev. Lett., 81(1998) 421.
[70] Pritchard P E, et al. Phys. Rev. B, 56(1997) 13118.
[71] Van de Walle C G. Phys. Rev. Lett., 80(1998) 2177.
[72] Hourahine B, et al. Phys. Rev. B, 57(1998) 12666.
[73] Okamoto Y, Saito M, Oshiyama A. Phys. Rev. B, 56(1997) 10016.

第二篇　半导体中氢的基本性质

氢是很活跃的原子，是因为它的一个电子所处在的态能紧密地键合于诸如硅的 3s 和 3p 电子，其结果是氢强烈地耦合其他原子。这个独特的行为使其在半导体固体中占有优势，在那里氢既能打断正常的键形成一个稳定的间隙性缺陷，又能“治愈”断裂的(悬挂)键，对抗其与其他杂质的结合。这使得氢具有一种最重要的特性，即它的引入能使得半导体中原来是电活性的杂质或缺陷中性化，换言之，当晶体暴露于氢之后，很多电活性的深能级缺陷消失了。在第三篇会比较详细地介绍这一重要效应，而此前在本篇先介绍半导体中氢的一些基本性质作为预备知识。

第 6 章　结晶半导体中的孤立间隙氢

本章聚焦在半导体中氢作为孤立杂质，怎样提供理论上的信息。这方面的知识对理解氢与其他杂质的相互作用的机制和驱动力是基本的。现在已知道，氢杂质周围的母体晶格弛豫是相互作用的基本性质；如果不容许弛豫，大部分基本物理作用将丢失。举例说，当氢在正的或中性电荷态时，是位于键中心位置，即两个母体原子的中点；只要这些原子松弛一下离开一定距离就可安排该氢原子。否则，氢不能插入键中心。

直接观察氢是很困难的，但大量的信息已经从μ子素(muonium)的研究中获得。μ子素是氢的一种赝同位素。它由一个电子键合于正的μ子组成(μ^+)。有关μ子的自旋和共振实验已经为了解固态材料中的μ子素提供了大量信息。

氢除了与已存在的缺陷和杂质相互作用外，还能引入缺陷。其中包括一些章节已经或将要提到的一种广延近表面缺陷“小板”。本章除了回答关于氢在半导体中的优先位置、局域电子结构及其对带结构影响和可能的电荷态，也将提及“小板”的理论模型。

6.1　半导体中杂质的理论技术

Van de Walle 从两个方面评述了有关半导体中杂质研究的理论技术[1]：一是有关几何排列，二是处理电子-电子相互作用的方法。在几何学方面，通常采用的简化计算体系是集团、超晶胞和格林函数；处理电子-电子相互作用的近似方法，包括哈特里-福克(Hartree-Fock)、半经验方法、密度函数、赝势(ab initio 或第一原理)和自旋极化法等。这些理论计算方法给出的重要结果如下。

1. 位置：全能表面

体系的全能是计算技术获得的最重要的结果之一。全能表示把杂质放在母晶体中一个地方体系的总能量。由于高对称性，金刚石和闪锌矿中的特定位置研究得最多。结果的能量值作为杂质坐标 R_{imp} 的函数定义一个能量表面：$E=E(R_{imp})$。一旦这个函数知道了，立刻就能提供关于稳定位置、低能路径和沿着这些路径的能量势垒。

2. 电子结构：带结构，自旋密度，超精细参数

杂质与母晶体带结构的相互作用，经常引入新的能级。带结构的分析提供系统电子态的信息：电荷密度、自旋密度、成键机制和局域化程度等。其中自旋密度提供缺陷与 EPR 和μSR 测量之间的联系。

应该认识到，上面提到的电子结构方法都有一定的短板，因而不能给出关于母体带结构和缺陷能级的精确数值。就是说目前没有一种理论方法能精确预计缺陷能级在带隙中的位置。但是应当指出，尽管缺陷能级的绝对位置是不确定的，然而给出的由杂质替代或电荷态改变所引起的缺陷能级的相对移动是很合理的。

3. 电荷态：相对形成能

大多数杂质产生不同的电荷态，Si 中的氢有 H^+，H^0 或 H^-。电荷态的选择取决于费米能级(E_F)的位置，缺陷与 E_F 交换电子。相对形成能作为费米能级位置的函数能够计算，并告诉我们一个特定掺杂的材料倾向于什么样的电荷态。

6.2　点阵中氢和μ子素的位置

1. 键中心(BC)位

实验和理论都可得出氢和μ子素在 Si，C(或许还有其他半导体)中最稳定的位置在键中心，如图 6.1 所示。与氢最近邻的两个硅原子沿箭头方向有所移动，以便安置氢原子。EPR 实验已明确地证实 Si 中 BC 位 H 原子的存在，并指出氢原子插入 BC 位置时 Si—Si 距离增大了[2]。本章一开始我们曾指出，氢杂质周围的母体晶体的弛豫是相互作用的基本性质。

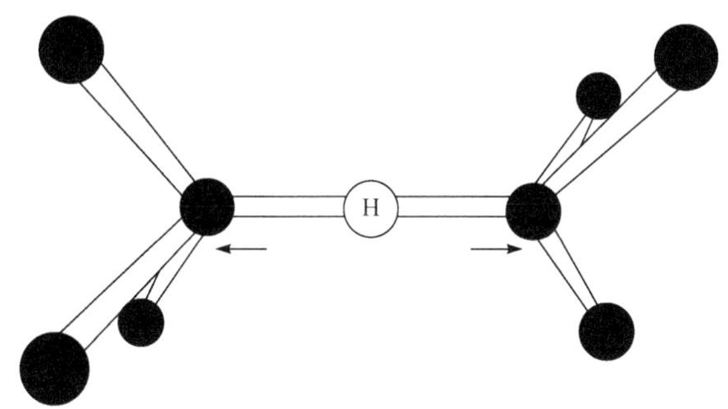

图 6.1　元素半导体中氢位于键中心位置的示意图 (C.G.Van de Walle. Theory of Interstitial Hydrogen and Muonium[I,p596])

2. T(T_d)位

从μSR 实验得知，除了键中心位置，点阵中的μ子素存在第二个位置 T，具有四面体对称。除了以上两种位置，理论上还尝试了点阵中的其他位置，但有没有取得显著的共识。另外，理论上对锗、金刚石和闪锌矿半导体中的氢都作了一些研究。

6.3 电子结构

1. 电子态

a. 键中心(高密度区)

在电荷高密度区域，氢致缺陷能级位于带隙上部，被鉴定为轨道反键组合形成的态。作为键中心的氢在一级近似下包含三个态：半导体键 b，反键 a(两原子的杂交轨道对称与反对称的组合)和氢 1s 轨道，如图 6.2 所示。

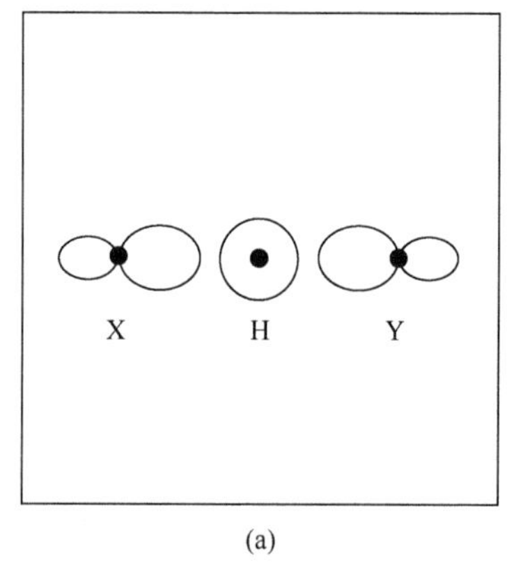

(a)

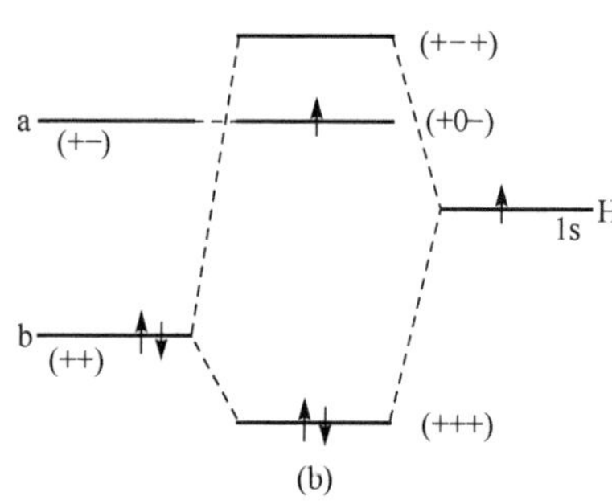

(b)

图 6.2　元素半导体中键中心组构下的轨道示意图(a)，X 和 Y 是半导体原子；由简单的分子键(束缚键)理论获得的相应能级(b)(C. G. Van de Walle. Theory of Interstitial Hydrogen and Muonium[I,p601])

轨道反键态在两个 Si 原子之间有一个节点，因此它被标记为这个氢缺陷复合物的非键合态。我们看到对于 BC 位氢致缺陷能级发生于带隙的上部，是 Si 杂交轨道反键组合形成的一个态。我们在第一篇中已指出，2.3 节固态矩阵元近似给出的硅中氢能级(图 2.7)与上述图 6.2 相类似。

b. 四面体间隙位(低密度区域)

当 H 位于 T 位附近，它与点阵的相互作用最小。电子结构计算发现一个深能级接近(或低于)价带的顶部，如图 6.3 所示。

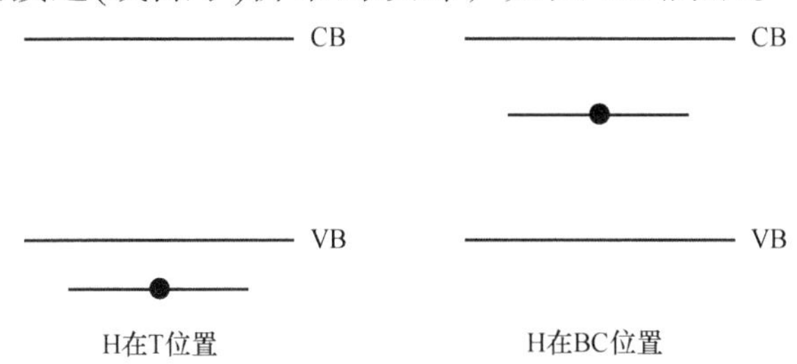

图 6.3　位于不同位置的 H 在带隙区域引入的能级(C. G. Van de Walle. Theory of Interstitial Hydrogen and Muonium[I,p 603])

2. 电荷态

Si 中性 H^0 在 BC 位是最稳定的低能位置；Si 中正电荷态的 H^+ 也倾向于进入高电子密度区域，使得 BC 位是更稳定的位置。而对于带负电荷的 H^- 放在低能级(价带)更有利。

理论研究指出，在 Si 中 H^0 的能量总是高于 H^+ 或 H^-，所以在平衡条件下，中性的电荷态从来不是最稳定的态。这是负 U 中心的特征。负 U 行为是半导体的一般性质。实验所提供的 Si 中孤立氢原子跃迁能级的鉴别和定量测定如图 6.4 所示。

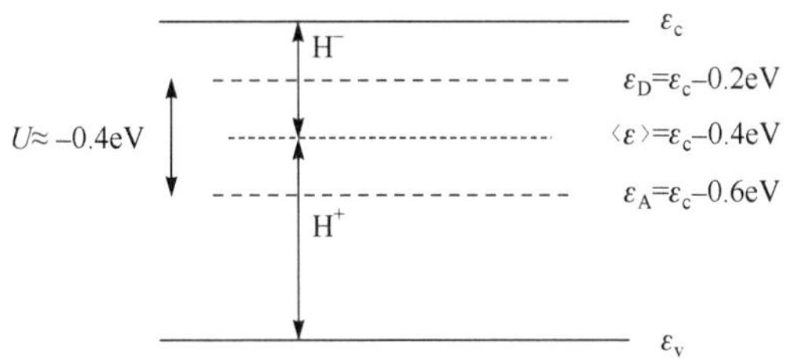

图 6.4　硅能带简图指出孤立氢原子的施主能级 ε_D 和受主能级 ε_A，受主和施主能级的顺序颠倒定义一个负有效相关能 U, 图中 $\langle\varepsilon\rangle=(\varepsilon_D+\varepsilon_A)$(N. M. Johson, C. G. Van de Walle. Isolated Monatomic Hydrogen in Silicon[III,p18])

3. 氢的运动-振动频率

这里关注的问题是半导体中的氢是怎样运动？一种类型的运动是围绕点阵中某一特定位置的振动；另一种类型的运动是在点阵中迁移。这方面的信息也是硅中最多的。

a. 振动频率

理论上最值得注意的是 Van de Walle 采用赝势密度函数理论获得的两个频率[3]：属于 H^+的 2210cm^{-1}和属于 H^0的 1945cm^{-1}。在第 1 章中讲过，2210cm^{-1} 和 1949(1946)cm^{-1} 峰是氢气区溶硅单晶(FZ c-Si:H)甚至还包括非晶态硅(a-Si:H)和质子注入硅中最强的，而且不同样品都具有两个 Si—H IR 振动吸收峰。

b. 迁移

理论计算表明，从迁移所需要克服的能量势垒考虑，对于不同电荷态的 H 可能有不同的迁移路径，H^+和 H^0 倾向通过高电子密度区域(如 BC 位)，而 H^-通过低电子密度区域(如 T 位)。

4. 氢与缺陷和氢致缺陷相互作用

氢有与半导体中本征的和非本征的缺陷相互作用的倾向。氢能使带电的缺陷中性化(把缺陷的态从带隙中移出)，这将在第三篇予以重点介绍。这种效应的原因也是从能量角度考虑。例如，中性化一个悬挂键可获得约 2.2eV/Si—H 键的能量增益[4]。

氢能在半导体中引入缺陷，在第一篇中讲了氢气区溶硅单晶中的氢致缺陷；还有通过氢化一个半导体在其表面引入高密度氢产生的小板缺陷。在后面的章节还要介绍氢与其他缺陷的相互作用。

第 7 章　半导体中的含氢复合物

Deleo 和 Fowler 曾经综述了含氢复合物微观性质的理论计算研究[5]。计算模拟能提供有关缺陷种类本质的理解，这里介绍理论计算得到的某些结果。

7.1　氢与硅悬键的相互作用

针对氢与点阵空位之间的相互作用的计算结果指出，H_4-空位复合物是稳定的和电学非活性的，并且氢原子之间是弱相互作用。一个 H_4-空位复合物相当于 4(SiSiSi)SiH_1；因此，这个理论模型如果获得实验支持，也可以作为 1949cm^{-1} IR 峰对应的氢缺陷复合物的选项之一。

7.2　硅中氢-深级缺陷复合物

一个缺陷的电活性取决于其电级位置，可由电容瞬时方法测定。当监视氢暴露前后电容瞬时谱时，发现与电活性相关的能级消失了。这一现象可以解释为氢-深级缺陷复合物形成后，原来缺陷的电活性被中性化了。

电活性的态通常是悬键类。举例说，在硅中的 A-中心(氧空位对)，替代氧可看作自发地沿着⟨100⟩方向离开丢失的硅原子位置而移动，并与四个临近硅原子中的两个键合。氢引入后与另外两个硅悬键结合，这时所有的键都已满足。如果氢之间或氢与氧之间的相互作用不是太强，电活性将消失。

类似地，孤立的硫杂质是硅中双施主，位于丢失的硅原子位置(T_d对称性)并具有第一施主在 E_c-0.3eV。预计的 S—H_2 复合物的稳定图像由图 7.1 所示。基于单粒子电子结构，深能级活性因这两个氢的存在而被拿掉[6]。

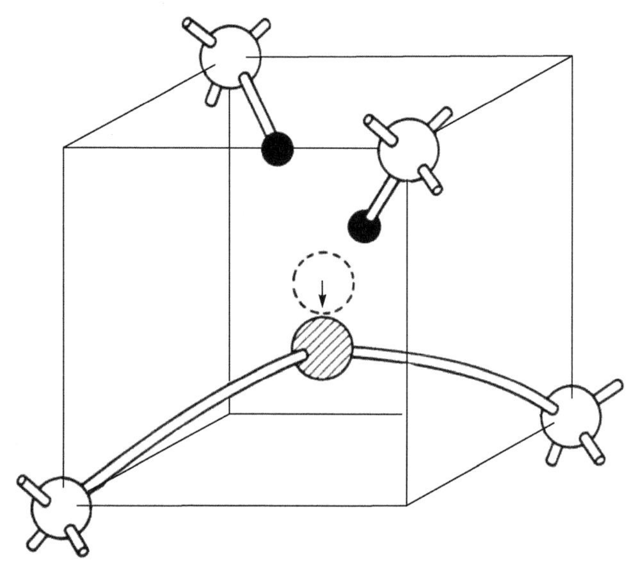

图 7.1　硅中 S—H_2 对模型(A. S. Yapsir et al. *Phys. Rev. B* 389936(1988)[6])

7.3　硅中氢-浅级缺陷复合物

硅中氢与浅级杂质的相互作用是人们特别感兴趣和具有争论性的问题。详细的分析涉及很多具体问题，这里仅给出总结性的看法和比较统一的观点。

大多数关于 H-受主(单个受主)对的计算，支持将 BC 位作为氢的稳定位置，其中硼或铝沿着〈111〉晶轴从替代点有所移动，离开氢原子。测量的振动频率已经获得计算研究的支持。其他计算的全能图画，诸如再取向势垒和离解能都接近实验结果或正确的量级。基于这些，图 7.2(a)所示的模型相信是最可能的图像[5]。

在图 7.2(a)中，Bemhole 预计未被占有的 B⟨111⟩轨道，产生一个带隙能级[7]。如果发生这种情况，该复合物是作为电活性的受主缺陷。所有的量子力学计算预计的关于 H-P 对的稳定图像，具有一个在硅反键位置(Si-AB)的氢。一个模型如图 7.2(b)所示，其中一个磷孤对沿⟨111⟩晶轴，在能量上是位于价带。

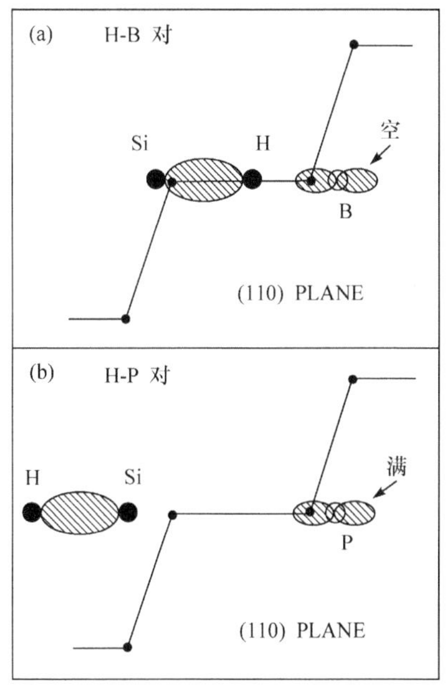

图 7.2　硅中 H-B 和 H-P 对的总结模型[I,p539]

第 8 章　Ⅲ-Ⅴ和Ⅱ-Ⅵ族半导体中氢的性质

McCluskey 和 Haller 详细地综述了有关Ⅲ-Ⅴ和Ⅱ-Ⅵ族半导体中氢的性质的研究。其中，IR 和 Raman 谱等实验技术获得氢相关复合物的局域振动模式(LVMs)起到重要的作用[8]。

对于Ⅲ-Ⅴ和Ⅱ-Ⅵ族半导体，氢相关复合物的微观结构遵循两个倾向：①在施主-氢复合物中，由于 H^-被键中心处高电子密度排斥，氢位于反键(AB)位置；②在受主-氢复合物中，氢受到共价键的电子密度束缚而留住键中心位置。

在Ⅲ-Ⅴ族半导体中研究比较多的有 GaAs，AlAs，InP，GaP，AlSb 和 GaN 等及Ⅱ-Ⅵ族半导体中的 ZnSe 和 CdTe 等。以下仅选取部分有代表性的材料介绍其主要结果。

8.1　GaAs 中的 C-H 复合物

碳是 GaAs 中优选的 p 型掺杂，因此 GaAs 中的 C-H 复合物备受实验和理论上的关注。理论和实验研究共同认为，位于 BC 位置的氢直接键合于碳，其取向沿着[111]轴(图 8.1)。这个组合类似于 Si 中的受主-氢复合物[I,p146]。^{12}C-H 和 ^{12}C-D 复合物的伸缩振动模式的振动峰分别在 2635cm^{-1}和 1969cm^{-1}，同位素频率比 r =1.3386。

在 MOMBE 生长的重碳掺杂的 GaAs 外延层中，发现 2688cm^{-1}峰属于$(CAS)_2H$ 复合物的伸缩模式。在这个复合物中，氢位于碳和镓之间的 BC 位置，并有第二个碳与该镓原子相邻。当生长方向沿[100]时，生长期间这个复合物取向为垂直于[110]平面。

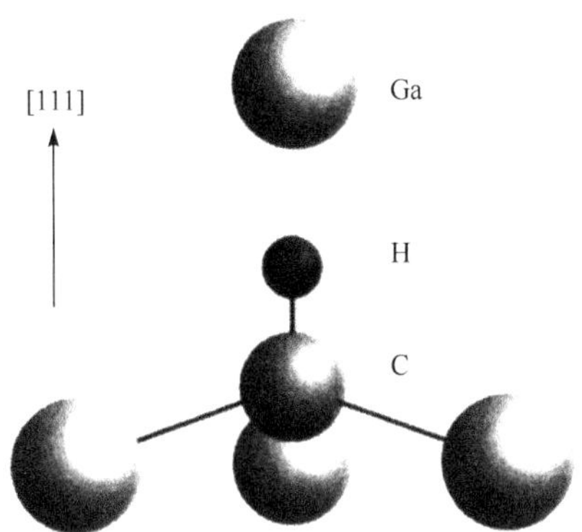

图 8.1 GaAs 中 C-H 复合物(M. D. McCluskey, E. E. Haller. Hydrogen in Ⅲ-Ⅴ and Ⅱ-Ⅵ Semiconductors[III,p376])

8.2 GaN 中的 Mg-H 复合物

半导体中单原子氢的全能表面的计算，是获得直接洞察稳定几何学、形成能和迁移行为等基本性质的有效方法。Neugebauer 和 Van de Walle 分别对 GaN 的两种构型——闪锌矿和纤锌矿进行了计算，它们的结构之间的差别仅在第三最近邻以上，预计对氢杂质的原子和电子结构的影响仅有微小差别。计算结果表明，N 反键位置(AB_N)上的 H^+ 是能量上最稳定的[9]。

N 反键位置优先与 H^+在 Si 和 GaAs 中的情况是完全不同的，后者在 BC 位置是能量上最稳定的。这个差别在于 GaN 中的化学键具有非常不同的特征。GaAs，InGaAs 和 Si 因为具有强共价特征，在键中心位置具有电荷密度显著的极大值；但是属于更离子性的 GaN 在键中心处并没有电荷密度的局部极大值，而是在强电负性的氮原子周围几乎球状地分布着电荷密度。我们可以这样理解：H^+就是一个质子，希望有一个去处获得最大的掩蔽，那就是高电子密度位置。在 Mg-H 复合物中，氢被束缚于一个氮原子的反键方向，如图 8.2 所示。这个图与非氮半导体中的受主-氢复合物的结构(参见图 8.1)形成巨大的反差。其原因就是上面所描述的情况。

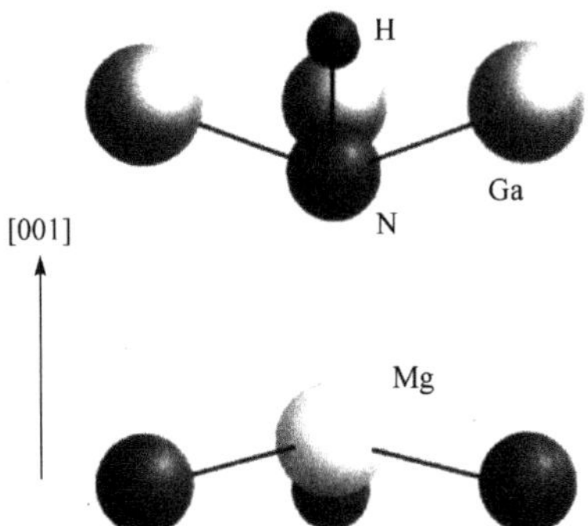

图 8.2　GaN 中 Mg-H 复合物的反键模型(M. D. Neugebauer, E. E. Haller. Hydrogen in Ⅲ-Ⅴ and Ⅱ-Ⅵ Semiconductors, in[Ⅲ, p44])

第 9 章　半导体中氢的电子性质和能级

Van de Walle 指出，氢强烈地影响很多材料的电子和结构性质。它能键合于缺陷或其他杂质，通常消除它们的电活性，这个被称为钝化的效应对很多光伏和电子器件起着决定性的作用[10]。为了寻找改善的氢储系统[11]、燃料电池质子交换膜、制氢用光电化学电池和集成电路新电介质，需要进一步了解氢在固体中的性质；在化学和生物系统中，也有很多研究工作探讨质子亲和势等与母体性质的相关性[12]。这一切都促使人们从电子层面深入理解氢在材料中的性质和作用。

为了进一步理解氢在固体中的性质，Van de Walle 等报道了基于 ab initio 方法对广泛的母体中氢的系统性研究[13,14]；揭示了在半导体、绝缘体和甚至于水溶液中氢的电子跃迁能级有一个普适排队现象的存在。通过这个排队，人们可以预计在任何母体材料中的氢的电活性，只需要预先知道氢所在的母体的带结构的一些基本信息。

依赖于被引入的母体，氢呈现性质上不同的行为。作为一个孤立的原子，氢能够占据不同的点阵位置并显著地改变母体结构，直至达到打断母体原子键的程度。氢或者作为施主(H^+)，或者作为受主(H^-)，也就是说它是两性的，并且大多数情况是抵消原有的导电性[15]。但在某些情况下又发现它成为导电性的起源[16-18]。这种高度母体依赖的行为引发关于其背后物理机制的追问。

9.1　氢的形成能与电子跃迁能级

Van de Walle 等的计算确立了氢的电子特征与母体材料的能带结构在一个绝对能量标度下排队之间的相关性。这个能带列队本身就是一个具有重要技术应用的物理问题[19]。理论方法是局域密度近似(LDA)下的密度泛函理论(DFT)和赝势平面波方法[20,21]。决定氢的性质的关键量有两个：①把氢引入母体所需要的能量，②规定电子行为的电子跃迁能级。电荷态为 $q(q=-1, 0, +1)$的间隙 H 的形成能是把 H 放入母体材料的一个体积(一个周期重复的超晶胞)中，计算该结构的全能 $E^f(H^q)$，然后减去纯母体材料相应体积的能量 $E_{tot}(\text{bulk})$得到

$$E^f(H^q) = E_{tot}(H^q) - E_{tot}(\text{bulk}) - 1/2\, E_{tot}(H_2) + qE_F \tag{9.1}$$

这里，氢能的参考值由在温度 $T=0$ 的一个 H_2 分子给出。考虑氢储池在有限温度和压力的一般平衡条件下，这一项可由氢核的化学势替代。形成能的最后一项考虑到这一事实：H^+给出一个电子，而 H^-接收一个电子；电子与之交换的储层的能量是电子化学势或费米能级 E_F。

$\varepsilon(+/0)$、$\varepsilon(0/-)$和$\varepsilon(+/-)$分别表示施主 H^+与 H^0，H^0与受主 H^-和 H^+与 H^-之间跃迁的费米能级位置；有趣的是，在大多数半导体和绝缘体中，氢施主能级$\varepsilon(+/0)$在受主能级$\varepsilon(0/-)$之上，这是一种具有“负 U”特征的反常序列。我们之前已经说过，中性电荷态 H^0 从来不是热力学稳定态，实际应用上，正负电荷态之间的跃迁能级$\varepsilon(+/-)$是关于氢的电子行为的一个更好的表述。

氢呈现原子与电子结构之间直接和直观的相关性：正电荷态 H^+，即质子通过优化与母体电子的库仑相互作用减小自身能量，位于高电子电荷密度区域。在强共价半导体的 Si 中，H^+位于键中心位置；而在带有部分离子特征的材料像 GaN 中，则是位于阴离子周围的电子壳层中。负电荷态的 H^-寻找母体中电子电荷最小的区域，在 Si 中是在四面体间隙位；而在纤锌矿的 GaN 中 H^-位于六角隧道的中心，使它离开周围六个 N 原子的距离最大化。

图 9.1 显示 H 在 p-GaN 中作为施主(H^+)和在 n-GaN 中作为受主(H^-)，总是抵消原有的导电性。$\varepsilon(+/-)$位于带隙内。电子行为由正负电荷态之间的跃迁能级$\varepsilon(+/-)$所制约：当费米能级低于此跃迁能级正电荷态是稳定的，而高于此跃迁能级负电荷态是稳定的。

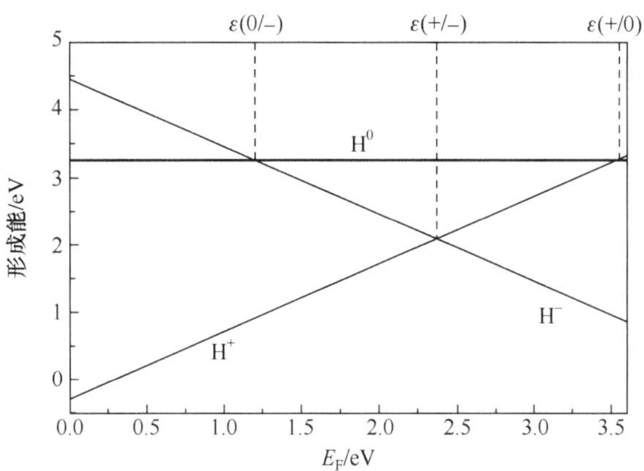

图 9.1　计算的 GaN 中不同电荷态的间隙 H 相对于 H 分子的形成能，费米能零点是价带极大值(C. G. Van de Walle, et al. *Annu. Rev. Mater. Res*. 36, 179-198(2006))

第一原理计算似乎证明，对于很多半导体(如 Si、GaAs、ZnSe 和 GaN)上述两性行为是氢与半导体反应的一个一般特性。但从图 9.2 可以看出，在 ZnO 中只有 H^+可以存在，其他电荷态不可能是稳定的。这个观点已由 20 个以上的实验所证实。顺便指出，ε(+/–)位于导带之上，这张图未能标出(参见文献[13]中的图 1)。

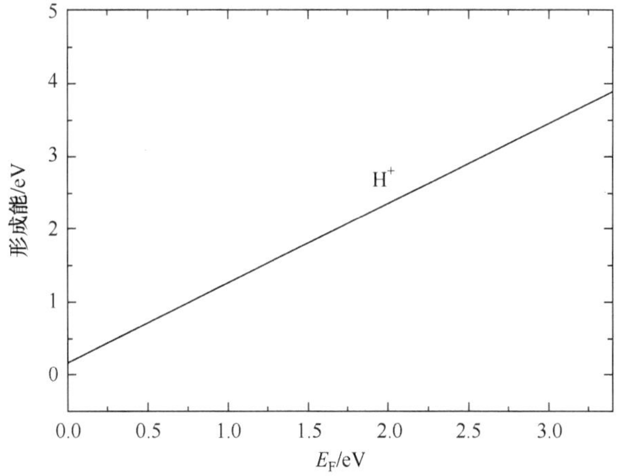

图 9.2　计算的 ZnO 中间隙 H 相对于 H 分子的形成能，只有正电荷态是稳定的

(C. G. Van de Walle, et al. *Annu. Rev. Mater. Res*. 36, 179-198(2006))

关于氢在半导体中电活性的知识极其重要，不管氢作为掺杂还

是钝化，它的存在必须小心地监视和控制，以免对器件造成不良的后果。

9.2 氢能级排队

H 在 ZnO 中与在以前研究过的半导体中不同的行为引致重要的物理问题，特别是 ZnO 与 GaN 之间的差别令人震惊。尽管这两个半导体具有几乎相同的能带隙和类似的物理性质，但 H 在这两个材料中显示出完全不同的性质：在 GaN 中它抵消原有的导电性，而在 ZnO 中成为一个掺杂来源。从图 9.1 和图 9.2 已分别看出：在 GaN 中$\varepsilon(+/-)$发生在能带隙中，导致氢的两性特征；但在 ZnO 中$\varepsilon(+/-)$发生在导带极小值之上，氢成为独占施主。如果我们在一个绝对能量标上画出这两种材料的能带(图 9.3)，就可以对上述差别提供一个解释：尽管 GaN 和 ZnO 具有类似的带隙，但 ZnO 的价带和导带在能量上比 GaN 相应的能带低 1.3eV。当考察这个能带排队时，间隙氢的电子能级$\varepsilon(+/-)$实际上位于相同的能量，即在绝对能量标准上是一个常数。

图 9.4 显示大量已被第一原理计算确定的材料[13]，连带已出现有趣的预计的材料。$\varepsilon(+/-)$值在绝对能量标准上、横贯这一范围半导体呈现显著的一致性。围绕“普适排队能级”的展宽是非常窄的，尽管所列举的材料的能带边已拓宽至 9eV 的范围(SiO_2类氧化物除外)。

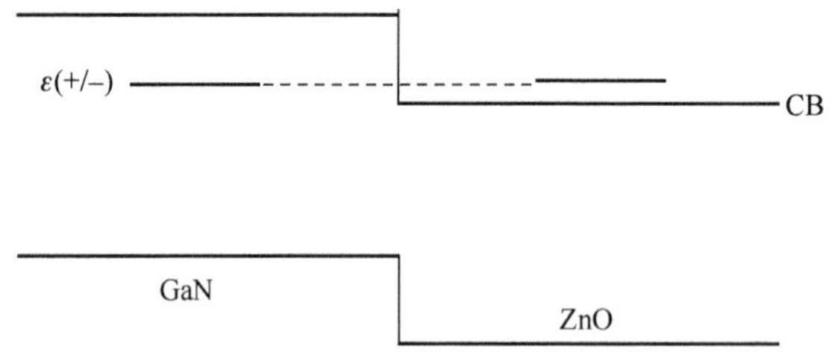

图 9.3 计算的 GaN 和 ZnO 之间的能带断层，表明$\varepsilon(+/-)$能级在一个绝对能量标上排齐，CB 为导带 (C. G. Van de Walle, et al. *Annu. Rev. Mater. Res*. 36, 179-198(2006))

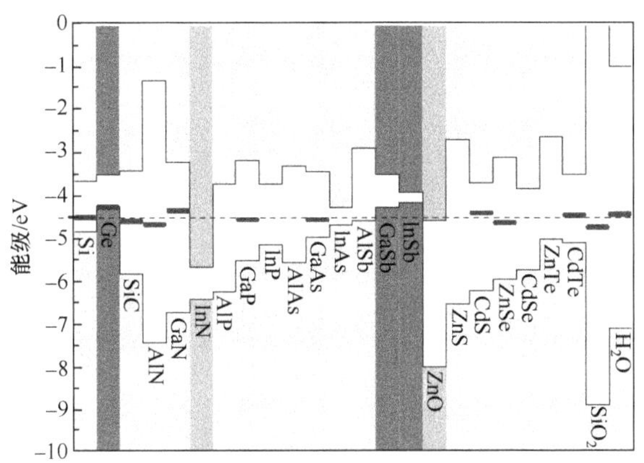

图 9.4 一系列半导体和绝缘体的能带排队和ε(+/−)能级位置。对于每一种材料，低线标示价带极大值位置，上线是导带极小值位置；粗线是计算的ε(+/−)能级相对于价带极大值的位置；在 4.5eV 处的断续线是对已有数据的拟合(C. G. Van de Walle, et al. *Annu. Rev .Mater. Res*. 36, 179-198 (2006))引自[13]

图 9.4 确立了氢的ε(+/−)能级位置与带结构之间在绝对能量标度上具有强相关性。我们在分子轨道描述框架下理解其物理意义。为不失一般性，我们以化合物半导体 CA(C 为阳离子，A 为阴离子)作为例子。正电荷态的 H^+与阴离子组成强键，其结果是创建了阳离子悬键 db_C，阳离子悬键的能级接近于 CBM(或最低的未被占有分子轨道，LUMO)；于是在能量上最有利于使它们留在未被占有状态，相当于正电荷态的阳离子悬键 db_C^+形成。相反地，负电态的 H^-与阳离子形成强键，导致阴离子悬键产生，其能级接近于 VBM(或最高已占有分子轨道，HOMO)，那些能级趋向于完全被电子占有，等于负电荷态的阴离子悬键 db_A^-形成。在上面的图画中，H^+和 H^-的形成能必须强烈地依赖于母体，但这些形成能与以下方式有关。

关键的量是ε(+/−)，即 H^+和 H^-具有相等的形成能的费米能级位置。在这个模型中，这种情况是当费米能级在 db_C 和 db_A 的中点处发生。为形成 H^+我们需要从 db_C 拿走一个电子；而形成一个 H^-要在 db_A 放入一个电子。这个 db_C 和 db_A 的中点的 E_F 位置相应于“电荷中性”

能级。它可以用来给半导体能级排队。如果$\varepsilon(+/-)$与电荷中性能级相吻合，那么按$\varepsilon(+/-)$排队与按电荷中性能级排队相符合。关键的特征是，在这个模型中单个的 H-C 和 H-A 键的强度(它们高度地依赖于材料)没有进入$\varepsilon(+/-)$的确定中。

9.3 氢的光电化学性质

我们发现，Van de Walle 等给出的氢能级排队(图 9.4)与 Gratzel 给出的描述几种半导体与水溶液电解质(pH=1)接触时的能级位置的一张图(文献[22]图 2)相似，具有含义深刻的共性。能量位置$\varepsilon(+/-)$是在真空能级 4.5eV 以下，这个值与一个重要的电化学量，即在标准氢电极(SHE)条件下的电子化学势(在真空能级 4.4eV 以下)非常接近。这不是一个巧合。“标准”氢电极是指水中的一个 H^+(aq.)/H_2(g)电极。按照本章讨论的框架，等价的反应是考察 H^+在 H_2O 母体中的形成(H_2 作为储层)。对于这个系统相应的$\varepsilon(+/-)$可以在水合物 H_3O^+和 OH^-的形成能的基础上进行估计[23,24]，其结果是在−4.2eV 和−4.5eV 之间。这与 SHE 的电子化学势基本符合。因此，能带排队的方法也适用于半导体和绝缘体等与水接触界面能带边的预计，这是研究光电化学电池和制氢方面的基础性工作。

基于上面的结果，我们可以从氢在半导体中的电子性质的层面理解掺杂和钝化两个重要的概念。我们已经注意到，在大多数半导体中氢是两性(H^+，H^-)的。图 9.4 表明在大多数半导体和绝缘体中，$\varepsilon(+/-)$位于带隙中。我们再次以 GaN 为例检验两性特征的推断。图 9.1 显示计算的 GaN 中不同电荷态之下氢的形成能。当 E_F 经过带隙移动时，稳定电荷态刚好从正(E_F 在 2.4eV 以下)变为负(E_F 在 2.4eV 以上)。这就意味着在 p 型 GaN 中 E_F 靠近价带极大值(VBM)，H^+是优先的；而在 n 型 GaN 中 E_F 靠近导带极小值(CBM)，H^-是稳定的。其后果为氢总是抵消原来的导电性。这也意味着在 GaN 中氢从来不起掺杂源的作用。

与此相反，在 ZnO 中ε(+/–)能级在 CBM 之上，因此 H^+是唯一稳定的电荷态。

9.4 普适能级

在前面几节中我们已引入普适能级或电荷中性能级的概念，长时间以来已知半导体各种各样的性质与其相联系。普适能级在不同场合可能是指分支点能、费米能级稳定能、平均带隙中间能和氢钉扎能级。Veal 通过有关μ子素的μSR 实验，介绍了上述普适能级或电荷中性能级与表面电子性质、金属-半导体界面、本征缺陷、掺杂极限和氢杂质之间的联系[25]。μSR(μ子素自旋共振)实验用来测定μ子素，它类似于氢，是许多 n 型半导体中特别是具有大的阳离子和小的阴离子的半导体中的浅施主；但是与半导体中氢的行为不同，后者总是抵消原有的导电性。作者通过在几种半导体中发现的平衡跃迁能级μ(+/–)-共有能，来讨论上面说的那些性质。有关μSR 所引用的文献包括：ZnO[26]，InN[27]，InAs[28]， CdS[29,30]，In_2O_3[31]和 Ga_2O_3[32]。

9.4.1 “通常”半导体和显著阳离子-阴离子失配半导体

“通常”化合物半导体和电负性的阳离子和阴离子如 GaAs，GaN，InP 和 InSb 等具有类似尺寸；显著阳离子-阴离子失配半导体(SCAMS)是指具有相对大的正电性的阳离子和小的高负电性的阴离子，如 InN，In_2O_3和 CdO 等。

“通常”化合物半导体在性质上表现为：如果是 n 型在自由表面上有一耗尽层，如 GaN[33]；在金属-半导体界面形成肖特基势垒；经辐照变为绝缘体，所以如果是 n 型材料产生受主，将费米能级移至带隙；如果是 p 型材料产生施主，也是将费米能级移至带隙。可掺杂为 n 型或 p 型材料；氢抵消原有的导电性，所以在 n 型中氢是受主，减小自由电子密度；在 p 型中是施主，减小自由空穴密度。

显著阳离子-阴离子失配半导体在表面、金属-半导体界面、粒子辐照、掺杂性质和氢的行为方面表现为：n 型材料的表面呈电子聚集，如 InN[33,34]；金属-半导体界面形成欧姆接触；经辐照变得更导电，即产生施主缺陷，将费米能级移向更高[35]；容易被掺杂为 n 型，p 型掺杂有困难或完全不可能；氢增大原有的导电性，所以氢是施主，增大自由电子密度。

9.4.2　氢的行为由其能级与母体能带结构的关系所决定

上述“通常”半导体与显著阳离子-阴离子失配半导体有关性质的重要差别是：由于它们之间的能带结构的显著不同，氢的行为由其能级与母体能带结构的关系所决定(参见 9.1 节和 9.2 节)。关于氢对于半导体导电性的影响有以下具体的界定[13]：

· 传统上氢被认为是抵消原有的导电性，即在通常的半导体中，氢在 p 型材料中是施主，而在 n 型材料中是受主；

· 但是在某些半导体中，氢是作为导电性的一个来源，氢能成为原 n 型材料中的施主(CdS，InN，InAs，ZnO 和 14 种其他氧化物)；

· 氢被认为是双性的，意指当 $E_F < \sim E_g/2$ 时氢作为施主，当 $E_F > \sim E_g/2$ 时氢作为受主；

· 氢是双性的在更精细的意义上是指，当 $E_F <$ CNL(电荷中性能级)时作为施主，当 $E_F >$ CNL 作为受主。

9.5　晶体硅中氢分子的能带结构和能级

最近 Weber 等给出关于氢分子-硅体系比较系统的综述[36]。Melnikov[37]计算了晶体硅中氢分子的能谱，体系考虑为一个含有 64 原子的具有周期性边界条件的超晶胞。原子和电子结构的计算是采用密度函数理论完成的[38]。作者的工作是在动量空间描述的，为理解方便，我们这里仅引述其主要结果。

作者首先绘出氢分子在硅点阵中位能表面的等高线图。在(1/2，1/2，1/2)和(1/4，1/4，3/4)点的极小值相应于分子母体中的平衡位置。在邻近极小值之间的位能势垒-鞍点(3/8，3/8，5/8)大约为 1eV。

氢分子在硅体系计算的能级值 E_n 是相对于基态 E_0～746.3cm^{-1}；在能量值 6560cm^{-1} 和 7915cm^{-1} 的两个能带结构图表明，对于低热动力学温度值，预计没有可见的氢分子在硅晶体中扩散的量子效应；但是，当体系能态值高于基态值大约 6000cm^{-1} 时，必须考虑在相邻四面体间隙之间通道概率的增大。

第 10 章　半导体中氢的化学键及其对材料性质的影响

经典化学键分为共价、离子、范德瓦耳斯和金属键，以及更复杂的氢键[39]和三中心键[40,41]。氢作为一个很活跃的原子，它可以形成纯共价键，如在 H_2 中，氢原子共有一对电子；氢也可以形成极化键，如在 H_2O 中，其中一个分子中的氢朝向一个相邻分子中的氧，形成分子间氢键[39]。氢键在由蛋白质和核酸碱基组成的三维结构中起决定性的作用。

在固体中氢可以占有点阵中一些不同的位置。在金刚石结构中有以下四种可能的位置：键中心(BC)位置是在键的中点；四面体间隙(T_d)位置是在 $a/4(-1-1-1)$；反键(AB)位置是在(000)和 T_d 点之间；C 位置是在 $a/2(100)$。不同的构形的能量差别对键长度和缺陷的电荷态是敏感的。这一点由硅中的间隙氢能够很好地说明：H^+的点阵位置与 H^-很不相同，前者对硅点阵有一个极大的扰动以适应点阵弛豫的需要。

理论指出间隙氢是电荷上双稳态的。在它的正的或中性电荷态下，它位于 BC 位置具有高带隙能级；而当在负电荷的状态下，它位于 T_d 位置处在带隙中的低能级。这些结果可以理解，因为质子倾向于被吸引到电荷密度高的键中心位置，而 H^-被排斥到点阵中宽阔的间隙位置。

在元素半导体如硅中，位于键中心位置的氢形成三中心键；在此组合中 Si-H-Si 中心起施主作用，因其第三个电子无须参与完成三中心键。对于化合物半导体，氢在 n 型材料中成键于阳离子，而在 p 型材料中成键于阴离子。这里我们主要讨论固体中的氢多中心键，如在 MgO 和 ZnO 中，氢在置换氧后与所有最近邻的金属原子形成化学键，构成一个真正的多坐标的组合[42]。

10.1　氢多中心键

关于氢的化学键 Janotti 等的理论工作[42]提出氢多中心键的概念，其实是对从前报道的三中心[43,44]和四中心键[45]的一种整合。作为例子，这里讨论二元金属氧化物 ZnO 和 MgO 中的氢。

在具有钨青铜结构的 ZnO 点阵移走一个氧原子形成四个断键，周围 Zn 原子四个悬挂键主要由 Zn 4s 轨道所组成，形成一个对称的(a_1)结构，相当于 ZnO 带隙中一个双占有电子态。如果 H 位于该空位的中心，H 1s 轨道与该组合强烈地相互作用，形成完全对称的位于价带的深能级和一个与完全对称能级正交的反键态(见图 10.1)。氢的反键轨道是非成键态位于 ZnO 的导带。三个电子(一个来自氢，另外两个来自四个 Zn 悬挂键)中的两个占有低能量的完全对称的价带内的深能级并稳定这个中心；第三个电子可占有导带内第二个轨道最终跃迁至导带的极小值。这个复合物由替代的 H_0 和四个最近邻的 Zn 原子构成，因此它作为 ZnO 中的浅施主。类似的情况也在具有氯化钠结构的 MgO 中发生，那里施主复合物是由 H_0 被六个最近邻的 Mg 环绕。一般地，当置换金属氧化物中的氧时，H 1s 轨道将与金属悬挂键上的 a_1 结合相互作用，尽管它们具有(s, p, d)特征。在 SiO_2 中 H 与两个 Si 原子上的 a_1 结合(具有明显 p 特征的杂交轨道)[44]相互作用；而在 HfO_2 中 H 是与三个 Hf 原子上的悬挂键上的 a_1 结合相互作用(具有 d 特征)[45]。

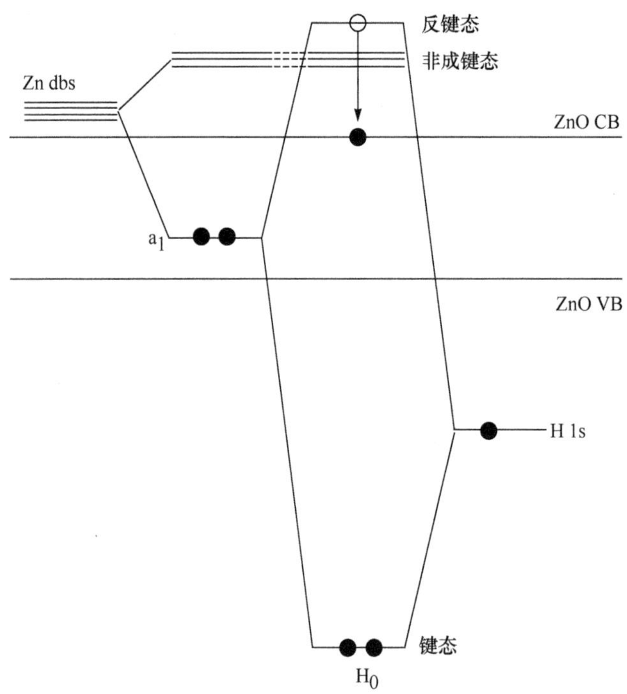

图 10.1 H 1s 轨道与 Zn 4s “悬键”(Zn dbs)之间的耦合在 ZnO 中形成氢多中心键。H 1s 轨道与 a_1 态结合在价带(VB)中造成一个完全对称的键态和导带(CB)中的一个反键态，占有这个反键态的电子继而跃迁至导带极小值，使替代的 H_0 作为浅施主(A. Janotti, C. G. Van de Walle. *Nature Materials* 6,44(2007))

10.2 ZnO 和 TiO_2 中的氢相关缺陷

我们已经说过，在某些半导体如 Si，GaAs 和 GaN 中氢表现出两性的特征，也就是说氢既可以作为一个施主(H^+)也可以作为一个受主(H^-)，皆补偿原来的导电性；相反地，氢在像 ZnO 和 SnO_2 一类材料作为单独的浅受主[46]。由于它的高度反应性，它与本征缺陷、其他杂质和外延缺陷所形成的复合物可能导致电活性缺陷的钝化或激活。

ZnO 在未来光电、自旋器件和透明导体等应用的驱动下已被广泛地研究[47]。其潜在应用的一个重要问题是掺杂的控制。在 ZnO 中进行

p 型掺杂的难点之一在于，受主缺陷可能因被非故意引入的氢与其形成的复合物而被钝化。Herklotz 等鉴别出了两种氢浅施主：键中心的氢(H_{BC})和与氧空位结合的氢(H_O)。

金红石 TiO_2 呈现出独特的化学、光化学和物理性质，从而具有广泛的应用前景。研究的焦点集中在 TiO_2 的光催化行为，其可能用于光电化学电池产生 H_2 或电，以及水和空气净化。TiO_2 还可作为透明导电氧化物用来作光伏器件中的透明电极。另外，金红石经一定掺杂可产生室温铁磁性，用来作自旋器件。同样地，氢对金红石 TiO_2 性能的影响具有技术上的重要性。

ZnO 和 TiO_2 属于宽带隙金属氧化物类别。这些材料的光电性质受到本征的和外来的杂质的各种影响。氢是这两种材料共有的一种杂质。事实上对氢在这些固体中的性质的了解对它们的很多技术发展都是非常重要的，因此近年来国际上做了很多研究。仅 Herklotz，Lavrov 和 Weber 等联合署名的几篇文章[48–55]就引用了数百篇文献。这里仅介绍有关 ZnO 和 TiO_2 中氢相关缺陷的某些最新结果。

综合 Herklotz 等的红外吸收、拉曼散射、光荧光和光导等实验[56]，ZnO 中有四种不同的氢缺陷：键中心的氢(H_{BC})，氧空位内的氢键(H_O)，氢分子和给出局域振动模式为 $3326cm^{-1}$ 的一种缺陷。

测量鉴别出 H_{BC} 是一种离化能为 53meV 的浅施主，由拉曼散射和光导谱探出 $1s\rightarrow2p$ 的内部跃迁。对于键中心氢的 O—H 键给出 $3611cm^{-1}$ 的局域振动模式和 $0.28\pm0.03e$ 的有效电荷。已发现 H_{BC} 是不稳定的，经 190℃退火就可能扩散消失。

已知 3362.8meV 的 I_4 光荧光线是由于键合于 H_O 施主的激子再结合。H_O 施主的离化能被确定为 47meV。由位于 $265cm^{-1}$ 的光导谱线探出 H_O 的 $1s\rightarrow2p_z(2p_{xy})$ 电子跃迁。H_O 的形成是在因氧外扩散留下的空位，是 H_{BC} 被捕陷的结果。

实验还表明，亚带隙发光导致 O—H 键位于 3326cm^{-1} 的局域振动模式强度减小并出现以前未报道过的位于 3358cm^{-1} 的红外吸收峰；该信号被鉴定为同一缺陷在不同电荷态下的 O—H 键的局域振动模式。测量指出，该缺陷具有一个在 E_C-1.7 eV 的深能级。

用红外吸收研究了金红石 TiO_2 中的间隙氢，表明它是一个具有10meV 离化能的浅施主。在 3290cm^{-1}附近的 IR 是由该施主的中性和正电荷态的局域振动模式组成。在低温下测量可以分辨这些不同的组分。

10.3 InN 中非故意导电性的起源

InN 和 GaN 结合制备具有直接带隙跨越从红外到紫外的 InGaN 合金，在诸如高效太阳能电池、光发射二极管(LED)和激光二极管等光电器件应用上具有极大的潜力。但 InN 外延膜经常出现非希望的 n 型导电性，其根源已引起广泛的讨论。

Janotti 和 Van de Walle[57]用第一原理法研究了 InN 中单原子氢，发现氢能占有间隙和替代格位。间隙氢在键中心结构中是稳定的并起到唯一的施主作用。H—N 伸缩振动在 3050cm^{-1}。氢还可以替代 InN 中的 N，等量地成键于最近邻的四个 In 原子，构成一个多中心结构。替代的氢具有低形成能，并且非直观地，是一个双重施主。这些结果支持单原子氢是在生长态 InN 观察到的非故意的 n 型导电性的起源。

当 H 位于晶格中 N 格点位，H 1s 态与氮空位 V_N^+ 的 a_1 态结合时形成一个价带(VBM)以下 6.5eV 的键态 H_N^{2+}和一个导带(CBM)上面 6eV 的反键态；拟占有反键态的电子跃迁至 CBM，从而使得替代的 H 变为双施主(H_N^{2+})(图 10.2)。

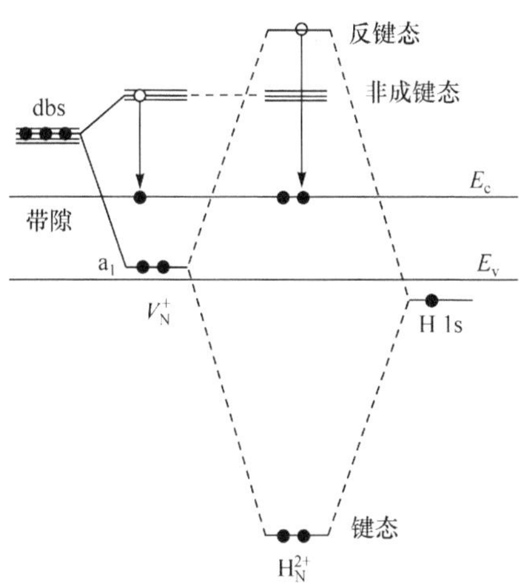

图 10.2 InN 中置换的 H_N^{2+}的电子结构示意图，V_N^+的 a_1 态与 H 1s 态结合成键态和反键态，键态被鉴别为包含 H 和四个近邻的 In 的多中心键；位于导带的反键态未被占有(A. Janotti, C. G. Van del Walle. *Appl. Phys. Lett*. 92, 032104(2003))

10.4 SnO_2中电导率的起源

SnO_2 是一种宽带隙氧化物，广泛应用于透明导体和传感器。宽带隙氧化物在半导体应用上占有重要地位，但在发展中为其导电性的失控所困扰[58,59]。单极化掺杂(即 n 型)满足透明导体或场效应晶体管等某些需要[58]；双极化掺杂更适合包括光探测器和发射器等整个器件范围[59]。但是控制 n 型导电性和可重复的 p 型掺杂面临严重的挑战。大多数宽带隙氧化物呈现非意愿的 n 型导电性，其原因引起了争论[58,59]。

Singh 等[60]采用归一化梯度近似的密度函数理论并考虑库仑相互作用(GGA+U 方法)，研究了点缺陷和氢对于 SnO_2 中的非故意 n 型导电性和 p 型掺杂可能性的作用，发现：①本征点缺陷，如氧空位(V_O)和间隙(Sn_i)之类，不像是生长态或退火的 SnO_2 出现 n 型导电性的原因。代之以的是②这个导电性可以由非故意加入的杂质特别是氢来解释。除了引入间隙位置的氢，氢还可以取代 SnO_2 中的氧，与三个最近邻的锡构成多中心键；替代的氢具有低的形成能，起浅施主的作用并与实验观察符合。③SnO_2的 p 型掺杂与其他氧化物如 ZnO 相比有非常大的成功概率。

具体地说，间隙的氢(H_i)与氧形成 O—H 强键，键长为 1.04Å，稍许大于在水中的键长计算值(0.94Å)。该氢键具有低形成能，起浅施主作用。但 H_i 即使在较低温度下也具有高活动性，H_i 的不稳定性提示它的存在不像是引起非希望的 n 型导电性的主要原因。更重要的是，所观察到的导电性对氧分压的依赖不能用 H_i 来解释，因为它的形成能不依赖于氧的化学势μ_O。

替代的氢(H_O)一旦形成，比间隙的氢(H_i)要稳定。H_O 形成时要从晶体点阵拿走一个氧原子，它的形成能依赖于氧化学势μ_O，因此，说 H_O 是 SnO_2 中非希望的 n 型导电性的起源，可以合理地解释这种导电性随氧分压而变化的实验事实。

特别重要的是对于 SnO_2来说，采用 In 或其他ⅢA 族受主能提供 p 掺杂最好的途径。Singh 等的结果指出，可以找到一种生长条件使得替代受主的形成能足够低，同时补偿施主的形成能足够高而实现 p 型掺杂；材料生长以后进行退火以便去除 H 并活化 p 型材料。这在 GaN 的情况已被证明是成功的方法[61]。

10.5 分子间氢键有机半导体

近年报道的五环氢键分子喹吖啶酮(quinacridone)[62]在结构和尺寸上与有机半导体并五苯(pentacene)相类似，与后者不同的是喹咔啶酮具备有限分子内 π 结合，在固态因强的分子间电耦合而深度变色，并发现它显示 $0.1cm^2/(V\cdot s)$的场效应迁移率。这堪与并五苯制备类似器件时的迁移率相比。在单层喹咔啶酮金属-绝缘体-金属二极管中的光致电荷产生效率比并五苯器件高百倍。与 C_{60} 的异质结的测量证明，从喹咔啶酮至 C_{60} 的电荷迁移是无效的。因此，氢键有机固体可能提供有机半导体设计的新途径。

有机半导体在很多方面不同于无机半导体。小的分子有机半导体和聚合物形成范德瓦耳斯固体，其中相对弱的分子间作用力导致材料低的介电常数(ε_r)。有机半导体中非有效电场屏蔽和畸变引起高激活键能，以及局域化效应和跳跃输运(hopping transport) [63]。最近关于氢键蓝靛盐的研究指出[64,65]：这些小的弱结合的分子呈现令人惊异的大至0.01～0.4cm^2/(V · s)的迁移率的双极电荷输运。该高迁移率归因于强分子间相互作用增强了 π 堆垛和晶体有序。这激励我们寻找并五苯的类似物——喹吖啶酮在有机场效应晶体管(OFETS)的电荷输运和单层有机二极管发光中的应用。

图 10.3(a)显示并五苯和喹吖啶酮的分子结构。并五苯是一个五环 π 结合结构；而喹吖啶酮分子内 π 结合是断开的，代之以介于相邻分子之间的氢键强烈的电耦合。图 10.3(b)显示溶液和薄膜由光学测量得到的带隙。在并五苯中，弱的分子间范德瓦耳斯力仅引起带隙稍许减小和颜色变化；而在喹吖啶酮中，相邻分子之间有═O···H—N 氢键参与其中。在溶液时呈浅黄色，只有在固态时显示其特征的红色，表明有强烈的分子间相互作用卷入。

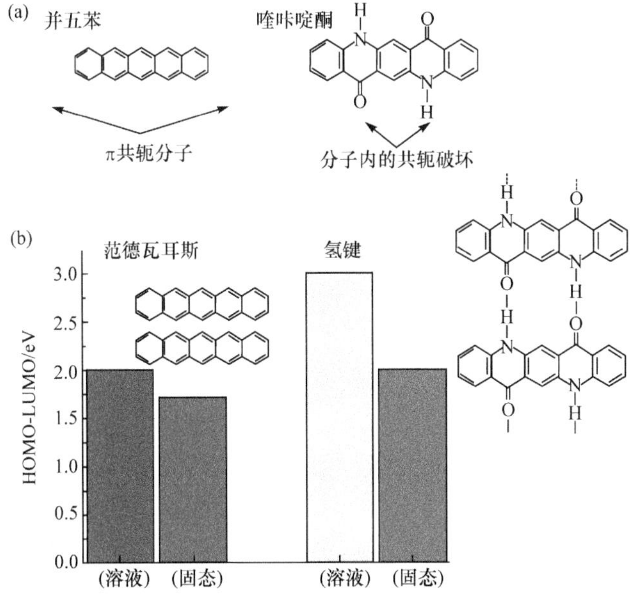

图 10.3　并五苯和喹吖啶酮的分子结构(a)，并五苯和喹吖啶酮的 HOMO-LUMO 带隙(b)，色带代表分子在溶液和固态中的颜色(E. D. Glowacki, et al. *Appl. Phys. Lett.* 101, 023305(2012))

Glowacki 等的工作表明[62]：在单层光伏器件的性能方面，喹吖啶酮优于并五苯。喹吖啶酮与并五苯相比，较大光电流的产生解释为在前者中激子更有效地激发为载流子。在氢键的基础上可以解释这种现象。①在喹吖啶酮中分子间相互作用的氢键的强度大于范德瓦耳斯力，这导致喹吖啶酮介电常数增大，而高的介电常数使得激子键能降低。②分子间有效的电荷输运的形成使得向载流子激发变得容易。因此，在光产生效率方面喹吖啶酮高出并五苯百倍以上归因于氢键有机染料中发生的上述准分子效应。

第二篇参考文献

[1] Van de Walle C G.Theory of Isolated Interstial Hydrogen and Muoniun in Crystalline Semiconductors, in [I, p585].

[2] Gorelkinskii V V. Hydrogen and Hydrogen-Related Defects in Crystalline Silicon, in [III, p29].

[3] Van de Walle C G, Bar-Yam Y, Pantelids S T. Phys. Rev. B, 39 (1989) 10791.

[4] Van de Walle C G, Bar-Yam Y, Pantelids S T. Phys. Rev. Lett., 60 (1988) 2761.

[5] Deleo G G, Fowler W B. Computational Studies of Hydrogen-Containing Complex in Semiconductors, in [I, p511].

[6] Yapsir A S, et al. Phys. Rev. B, 38 (1988) 9936.

[7] Bermhole J. J. Elect. Nat., 14a (1985) 781.

[8] McCluskey M D, Haller E E. Hydrogen in III-V and II-VI Semiconductors, in [III, p373].

[9] Neugebauer J, Van de Walle C G. Theory of Hydrogen in GaN in [III, p484].

[10] Blochl P, Stathis J H. Phys. Rev. Lett., 62(1991) 372.

[11] Schlapbach L, Z ü ttel A. Nature, 414 (2001) 353.

[12] Mills B E, Matin R L, Shirley D A. J. Am. Chem. Soc., 98 (1976) 2380.

[13] Van de Walle C G, Neugebauer J. Nature, 423 (2003) 626.

[14] Van de Walle C G. Annual Rev. Mat. Res., 36 (2006) 179-198.

[15] Van de Walle C G, Johnson N M // Semiconductors and Semimetals. Vol. 57, Gallium Nitride (GaN) II. Pankove J I , Moustakas T D. Boston: Academic, 1998.

[16] Van de Walle C G. Phys. Rev. Lett., 85(2000) 1012.

[17] Hofmann D M, et al. Phys. Rev. Lett., 88(2002) 045504.

[18] Limpijumnong S, Van de Walle C G. Phys. Status Solidi B, 228 (2001) 303.

[19] Franciosi A, Van de Walle C G. Surf. Sci. Rep., 25 (1996) 1-140.

[20] Bockstedte M, Kley A, Neugebauer J, Scheffer M. Comput. Phys. Commun., 107 (1997) 187.

[21] Louie S G, Froyen S, Cohen M L. Phys. Rev. B, 26 (1982) 1378.

[22] Gratzel M. Nature, 414 (2001) 338.

[23] NIST Chemistry WebBook (http:/ WebBook. nist. gov/chemistry)(March 2003).

[24] Mejias J A, Lago S. J. Chemi. Phys., 113 (2000) 7306.

[25] See in internet：Tim Veal, “Hydrogen impurities, native defects and surface states in semiconductors: the role of μ SR and the charge neutrality level”.

[26] Cox S F J, et al. Phys. Rev. Lett., 86 (2001) 2601.

[27] Davis E A, et al. Appl. Phys. Lett., 82 (2003) 592.

[28] King P D C, Veal T D, et al. J. Phys.: Condens. Matter, 21 (2009) 075803.

[29] Gil J M, et al. Phys. Rev. Lett., 83 (1999) 5294.

[30] Cox S F J, et al. J. Phys.: Condens. Matter, 18 (2006) 1061.
[31] King P D C, Veal T D, et al. Phys. Rev. B, 80 (2009)081201(R).
[32] King P D C, Mckenzie I, Veal T D, et al. Appl. Phys. Lett., 96 (2010) 062110.
[33] Mahboob I, Veal T D, et al. Phys. Rev. Lett., 92 (2004)036804.
[34] Colakerol L, Veal T D, et al. Phys. Rev. Lett., 97 (2006)237601.
[35] Li S X, Walukiewicz W, et al. Phys. Rev. B, 71 (2005)16120.
[36] Weber J, Hill M, Lavrov E V. Physica B, 401-402 (2007) 91.
[37] Melnikov V V. Russ. Phys. J., 57 (2015) 538.
[38] Melnikov V V, Yurchenko S N. Russ. Phys. J., 56 (2013) 41.
[39] Jeffrey G A. An Introduction to Hydrogen Bonding. New York: Oxford Univ. Press,1997.
[40] Boron W N. Hydrids. New York: Benjamin, 1963.
[41] Batell L S, Carrol B L. J. Chemi. Phys., 42 (1965) 1135.
[42] Janotti A, Van de Walle C G. Nature Materials, 6 (2007) 44.
[43] Van de Walle C G, Denteneer P J H, Bar-Yam Y, Pentelides S T. Phys. Rev. B, 39 (1989) 10791.
[44] Blöchl P E. Phys. Rev. B, 62 (2000) 6158.
[45] Kang J, Lee E C, Chang K J, Jin Y G. Appl. Phys. Lett. , 84 (2004) 3894.
[46] Van de Walle C G. Phys. Rev. Lett. , 85 (2000) 1012.
[47] Klingshirn C. Phys. Status. Solid. B, 244(2007) 3027.
[48] Herklotz F, Lavrov E V, Weber J. Physica B, 304 (2009) 319.
[49] Herklotz F, Lavrov E V, Weber J. Physica B, 404 (2009) 4349.
[50] Lavrov E V, Herklotz F, Weber J. Phys. Rev. B, 79 (2009) 165210.
[51] Lavrov E V, Herklotz F, Weber J. Phys. Rev. Lett., 102 (2009) 185502.
[52] Herklotz F, Lavrov E V, Weber J. Phys. Rev. B, 82 (2010) 115206.
[53] Herklotz F, Lavrov E V, Weber J, et al. Phys. Status. Solid. B, 248 (2011)1532.
[54] Zhang X, Herklotz F, et al. J. Vac. Sci. Technol. A, 29 (2011) 03A107.
[55] Herklotz F, Lavrov E V, Weber J. Phys. Rev. B, 83 (2011) 235202.
[56] Herklotz F. Phd. thesis: Hydrogen-related defects in ZnO and TiO_2. 2011.
[57] Janotti A, Van de Walle C G. Appl. Phys. Lett., 92 (2008) 032104.
[58] Dawar A L, et al. Semiconducting Transparent Thin Films. Institue of Physics, London, 1995.
[59] Look D C, et al. Phys. Status. Solid. A, 201 (2004) 2203.
[60] Singh A K, Janotti A,Scheffler M, Van de Walle C G. Phys. Rev. Lett., 101 (2008) 055502.
[61] Van de Walle C G, Neugebauer J. Appl. Phys. Lett., 95 (2004) 3851.
[62] Glowacki E D, et al. Appl. Phys. Lett., 101 (2012) 023305.
[63] Pope M, Swedenberg C E. Electronic Processes in Organic Crystals and Polymers. 2nd. New York: Oxford University Press, 1999.
[64] Irimia-Vladu M, et al. Adv. Mater., 24 (2012)375.
[65] Glowacki E D, et al. AIP Adv., 1 (2011)042132.

第三篇　半导体中氢的重要效应及相关应用

第 11 章　氢与半导体中其他杂质和缺陷的相互关系

11.1　氢与点缺陷的相互作用

由于氢的扩散速度很快，在晶格中氢倾向与很多缺陷包括自身形成复合物。第 5 章已经讲过氢自身凝聚形成的氢分子。氢与其附近的施主或受主形成复合物而导致钝化效应，我们将在后面的章节予以表述。关于氢与受主或施主形成的复合物的结构已经择其重点在第 8、9 两章分别给予详细介绍，这里仅作扼要的归纳。

理论(全能计算)与振动谱实验结合确定在 Si 和Ⅲ-Ⅴ族化合物半导体中已发现有三种掺杂-H 复合物结构：①键中心(BC)结构、②反键(AB)结构中 H 附着在掺杂原子的最近邻原子和③AB 结构中 H 附着于掺杂原子[1]。属于第一种结构的有如硅中的 B-H 复合物[2]，GaAs 中的 Zn-H 复合物[3]和 Be-H 复合物[4]。以上几种是受主-H 复合物。属于施主-H 复合物的有 P，As 和 Sb 掺杂的硅中上述杂质与 H 形成的复合物[5]。

氢能复合一个硅空位形成四种缺陷 VH_n(n=1～4)，氢依次饱和每一个悬挂键，而 Si—H 键长度依次减小：1.513Å，1.506Å，1.501Å，1.489Å，其中 VH_4 缺陷导致空位体积膨胀 80%。

硅中氢与碳形成的复合物具有很低的分解能。Kamiura 等指出：硅中的 C—H 缺陷给出一个在 E_c-0.15 eV 的电子捕捉，但仅在 80℃以下是稳定的[6]。

在富氧的硅中经 450℃退火产生的热施主 TD_1 和 TD_2 能被氢钝化，其形成的缺陷在 300K 左右分解[7]。

在硅中没有发现 H—O 复合物，但是在硅中的过渡金属能与氢形成复合物。当硅中的杂质 Pt^-替代 Si 时留下两个 Si 悬键能与 H 形成 Pt-H_2复合物[8]。在硅中还发现了 V-和 Cr-H 复合物[9]。

11.2 硅中氢与位错的相互作用

在第一篇第 5 章已提到，等离子氢化可以在硅中引入小板缺陷并在其附近的空洞里形成氢分子。最近的研究发现，H 注入硅也可以导致被称为“氢致小板”的平面缺陷，后面我们将提到它可以用于晶片的智慧切割过程[10,11]，还可以引起内部充满分子氢的气泡[12]。一般认为从最低能量考虑，氢位于键中心(BC)位置。而由单氢原子形成 H_2 一般是有利的[12,13]，位于四面体(T)位[14,15]。原子氢的扩散激活能为 0.48eV[16]；H_2 的迁移能为 1.74eV[15]或 1.1eV[17](第一原理计算)。H 或 H_2 能与硅中很多缺陷相互作用。最近的一个重要进展是原子和分子氢与硅中位错的相互作用。Pizzagalli 等对原子、分子氢在硅中螺位错附近的稳定性作了第一原理计算，发现 H 原子于位错核为最低能结构，支持氢倾向于在位错核附近凝聚，并在那里可发生 H_2 的自发分解[18]。

Pizzagalli 等在描述 H 与螺位错的相互作用中，首先通过各向异性弹性理论和实验点阵常数，将一个螺位错引入块状硅中。通过建立一定的模型和第一原理计算最终得到下列结果：在硅中原子 H 深深地被螺位错吸引。最低能量图像是 H 位于 BC 位，即属于位错核的硅原子之间。因此，由于原子氢是很快的扩散子，若有大量氢，预料它们会在位错核处凝聚。相反地，H_2 是不被位错核吸引的，但是作者的结果表明，如果 H_2 分子扩散进入位错核，它会自发分解并释放出最多 1.8eV 的能量。计算表明原子氢与位错的相互作用反比于它们之间的距离，这是由于 BC 位的氢产生各向异性应变场。分子氢的情况与位错的相互作用不明显，这可以解释为 T 位的分子氢具有小的并且是各向同性的点阵畸变。

11.3　单晶硅中因氢化产生的缺陷

关于半导体中氢的性质，目前的兴趣在于氢既可以钝化浅能级掺杂，又具有钝化深能级缺陷的能力。氢通常由样品暴露于等离子体放电的环境引入的，而钝化是由氢化学键引起的能带隙中能级的移除。这个现象最近的例子如硅中[19–21]和砷化镓中[22,23]浅受主和施主掺杂及氧相关缺陷[24]。直接暴露于等离子体，如在反应离子蚀刻发生的，也可引入带电粒子轰击带来的损伤[25]，而氢可能同这些损伤相互作用，形成具有带隙中的能级的氢相关缺陷[26,27]。

Johnson 等揭示[28]，在适度的温度下，氢可以通过扩散进入单晶硅中，产生广延的电活性的缺陷，其与等离子体和辐照损伤无关。氢化是将硅样品暴露于由气体放电所产生的单原子 H 或 D 中完成的。微波等离子体在 70W 和 2Torr 的压力(含 1.8Torr 的 H 或 D 及 0.2Torr 的氧)下运行。样品表面温度控制在不超过加热台 10℃(在 150℃时)。

样品中氢的分布经由二次离子质量谱测定(SIMS)。初始样品为磷(n 型)和硼(p 型)均匀掺杂的硅，浓度为 $1\times10^{17}cm^{-3}$。测定结果是两种样品的 D 浓度都是随样品深度急剧地减小，n 型样品外推表面最大浓度达到 $1\times10^{20}cm^{-3}$。

透射电子显微镜(TEM)观察揭示，氢化后在硅表面 0.1μm 范围内出现平面微缺陷。亮场图像显示在表面 70nm 范围内微缺陷的平均密度是 $7\times10^{16}cm^{-3}$；高放大图像能分辨出沿着{111}晶面的小板缺陷。一个{111}小板的高分辨图像显示这些小板不是属于位错，因为 Burgers 环路指出没有点阵净位移。类似地，没有关于这些小板是由间隙或是由空位环组成的证据，因为没有观察到典型的堆垛层错的衬度。这些小板是一些微裂缝，其中两个临近的硅原子平面之间的间隔在有限的面积内(直径 3～12nm)，因为硅原子从其替代格位稍许移动而加大。观察表明，小板不仅是由氢化引起的，而且因为氢包含在缺陷结构中而稳定下来。上面的观点通过 Raman 光谱观察到 Si—H 键的特征谱线得到了直接的支持。以一个小板的平均直径为 7nm 估计，其中含有 400 个 Si—H 键。

氢化期间伴随着小板的形成，发光谱测量表明在硅能带隙中引入了电子能级。除了可能对样品光电性质产生影响外，在后面的章节我们还要讲到由氢化产生小板微缺陷这一现象的应用。

11.4 氢离子注入硅中平面缺陷的成核和生长

上节我们提到了氢通过等离子体氢化扩散进入硅，在硅中引起了一种被称为“小板”的面缺陷。这些小板仅在{111}晶面形成而与硅晶体的取向无关。本节讨论通过氢离子注入在硅中引入的小板微缺陷，其取向是(100)型的，与前者形成鲜明的对照。这些氢小板典型的尺寸为几十纳米，考虑是由一个二维 Si—H 键阵列组成的，以下称为氢小板。由于其在硅薄片的控制性解理和改性，以及同任何衬底进行异质集成方面有重要的作用，有必要考察其形成机理。

Nastasi 等研究了氢离子注入硅中小板的成核和生长[29]。他们指出，在氢离子注入(100)和(111)硅的情况，氢小板平行于衬底的表面，垂直于衬底的 z 方向(法线)。这些观察通过成核和生长的应力和应变依赖模型给以合理的解释：由离子通道数据得出硅的离子注入损伤分布，由双晶 X 射线衍射测得的面外应变(ε_{zz})的深度分布以及由弹性反冲检测得到的注入氢的分布。数据之间相互比较表明，应变与离子注入损伤很好地相关，并且这些分布的峰在氢分布峰的较低深度。再与 TEM 数据结合分析表明，离子注入硅中氢小板的取向强烈地受到离子注入损伤和其形成的应变分布的影响。

由 Höchbauer 等[30]和 Zheng 等[31]提出的早些的结果指出，氢离子注入硅中引起的损伤源自一种面内双轴压缩(负)应变的形成。Höchbauer 观察了小板和损伤之间的相关性，提出一种面外张应变ε_{zz}伴随一种面内压缩应变σ_{xx}和σ_{yy}，其峰值可能在最大损伤位置，并且这个应变帮助包含在 H 小板中的 Si—H 缺陷成核[32]。Reboredo 及其合作者[33]用第一原理计算检验了硅中不同的 H 缺陷复合物的能量，得出的结论认为 VH_4(四个氢原子吸附于一个硅空位)的凝聚物是小板形成的先兆。这个工作的一个关键的发现是，这些复合物产生一个非对称的张位移，等价于一个取向为 z 方向的点势偶极子。与单纯的空位不同，预计它产生均衡的压缩性位移。周围母体应变场沿 z 方向是压缩性的。

根据 Reboredo 等的理论结果可以给出氢小板形成过程的图像：质子注入引起硅中的缺陷和应变的非平衡的空间分布，在退火下将发生缺陷的流动；注入引起的面外应变的释除伴随着 Si—Si 键的断裂，导致空位流向应变分布峰值的驱动势，即在氢离子注入硅中存在的张应变提供了一个令空位向最大张应变的区域迁移的驱动力。小板分布与应变分布相一致，表明氢化的空位提供了小板形成的核。进一步分析指出，小板的成核强烈地依赖于所加的应力，并且离子注入损伤引起的面内压缩性应变有利于小板的成核和生长，这些小板是在应力面上并且平行于样品的表面。略去较复杂的分析，简要地说是氢化产生的空位提供小板的成核，在退火中最终形成小板。

第 12 章 半导体中电活性杂质和缺陷的中性化

回顾历史人们早已认识到，由于 H—Si 键强于 Si—Si 键，硅表面的悬键被 H 稳定地终止；应变的 Si—Si 键可因 H 原子插入而弛豫并且重构表面；H 能插入 Si—Si 之间形成 Si—H—Si 三中心键，甚至在一定条件下形成一种被描述为 H 稳定化小板的广延结构缺陷。

在所有关于氢在半导体的行为中，氢的引入能使电活性的杂质或缺陷中性化，是最重要的特性。在一些书和文献中使用“钝化”一词表述这一特性。由于钝化一词在材料科学中使用得太广泛，本书中有时采用“中性化”一词，以便表征氢在半导体中这一专属特性的本质。

关于半导体中氢中性化效应，Stavola 曾做过综述[34]。氢一旦进入半导体中能够快速地扩散，并结合于其他杂质和晶体缺陷而形成中性的复合物。我们知道正电荷态的氢施主，H^+能被负电荷受主 A^-所吸引与之键合形成复合物，这个过程称为中性化。例如，氢进入晶体硅后与其中的浅施主或浅受主形成中性的复合物而使后者去除电活性。氢也能与深能级的过渡金属(如 Pt, Cu 等)形成中性的复合物[35]。

氢与点阵中的点缺陷或其他缺陷相互作用也能形成复合物。氢与母体原子之间强键的形成通常简单地认为是悬挂键的钝化。在硅晶体中，自间隙原子在自扩散、杂质扩散、表面重构、平面间隙缺陷和位错成核中均起着一定作用。一或两个氢原子可以键合于这样的自间隙原子。吸引两个氢原子到自间隙使缺陷电荷中性化。

Sah 等[36]和 Pankove 等[37]发现硅中的浅受主(B)被氢中性化。测量表明有一个高扩展电阻表面层与 D(氘)原子扩散深度相对应，这里氢的行为是作为施主(H^+)。但是，氢还能使硅中的磷(P)施主中性化，即在 n 型材料中氢的行为是作为受主(H^-)。化合物半导体中氢的行为也类似，例如，氢在 p 型和 n 型 GaAs 中分别是施主和受主。在前一章已讲过氢的这种两性特征，并知道它与氢所进入的母体材料能带结构有关。对于硅[38,39]和砷化镓[40,41]的理论研究表明，受主是被 BC 位置附近的氢中性化的，而这些受主在硅中是硼，在砷化镓中是碳杂质或者作为Ⅱ族受主的母体原子。硅中的磷施主和砷化镓中的硫施主是被反键(AB)位置的氢中性化[42,43]。

为了进一步了解元素半导体和化合物半导体中氢致中性化问题，下面针对不同类型的杂质或缺陷予以讨论。

12.1　硅中深能级缺陷的中性化

深能级经过氢中性化以后的热稳定性，对任何适用方式都是至关重要的。表 12.1 汇编了硅中可接受氢化的杂质和缺陷，以及它们在带隙中的能级和再活化所需要的激活能。

从表 12.1 可以看出，硅中大多数缺陷和杂质通过与原子氢反应被中性化之后，能够经大约 400℃的后氢化退火而再次活化，相当于需要 2.2～2.5eV 的激活能。从该表还看出，受主和施主能级两者都与原子氢反应去除掉。例如，双施主 S，Se 和 Te，以及氧热施主都被去活性。人们或许会深思，为什么氢适用于所有目的的中性化？氢与缺陷和杂质的反应均可以被归类于杂质的中性化，它在 p 材料中能够简单地算作同受主的离子对($A^- H^+$)或者未饱和键的钝化。在后一种情况中，缺陷不需要具有通常意义的悬键，而是近邻的氢占位的存在改变了电活性这一性质[44]。中性化意味着 H 与带隙能级反应，改变其活性；而这一过程包括杂质或硅与 H 形成化学键，或者仅仅是一种缺陷结构的重新排列。

表 12.1　硅中可接受氢化的杂质或缺陷和相应的能级

(其中 E 和 H 分别表示电子和空穴陷阱)

杂质/能级	E_a/eV*
Au, E(0.54) H(0.35)	2.3
Pd, E(0.22) H(0.32)	2.4
Pt, E(0.28)	2.3
Cu, E(0.20, 0.35, 0.53)	2.5
N, H(0.18, 0.21, 0.33)	2.5
Ag, E(0.54) H(0.29)	2.2
Fe, H(0.32, 0.39)	1.5
O-V, E(0.18)	1.9
V-V, E(0.22)	1.9
激光, E(0.19, 0.30)	1.9
溅射蚀刻	1.8
弹性形变	3.1
晶界	2.5
B, Ga, Al, In	1.1, 1.6, 1.9, 2.1
O_D, E(0.07, 0.15)	1.1
S, Se, Te	2.1

*假设一级再活化运动学(本表引自 S. J. Pearton. Neutralization of Deep Level in Silicon[1,p84])。

12.2　硅中浅级杂质的中性化

Pankove 指出[45]，单原子氢还能使Ⅲ族浅受主杂质 Al，Ga 和 In 等中性化。p 型硅经氢化后自由载流子减少，引起表面层扩展电阻大幅度增加。这种中性化归因于 H—B 键的形成。

Johson 对 n 型硅中的浅施主杂质中性化进行了研究，提出了 P—H 复合物的模型[46]。

12.3　Ⅲ-Ⅴ半导体中缺陷和掺杂的中性化

Chevallier，Clerjaud 和 Pajot 评述了Ⅲ-Ⅴ半导体中由氢引起的缺陷和杂质的中性化[47]。

像硅掺杂的 GaAs 一类 n 型Ⅲ-Ⅴ半导体的中性化已作过深入研究。在分子束外延中，有机气相外延生长的 GaAs 外延膜和块状晶体中，硅广泛地被用作浅施主。业已证明施主的去活性是由于活性施主被氢中性化，给出一个电中性的硅-氢实体。这些复合物在 250℃以下是稳定的，它们的离解能大约为 2.5eV。

诸如 Zn, Be, C 和 Ga 一类受主杂质也与 H 形成复合物。掺杂的中性化可由光荧光实验中键激发子的消失来证明。在 GaAs 中受主-H 复合物不如施主-H 复合物稳定。

深级缺陷，如 GaAs 中的 EL2，n 型 AlGaAs 的 DX 中心和 InP 中的 Mn，都能在很大程度上被 H 中性化。除此而外，由 LEC，LPE 和 MBE 生长的 GaAs 中的很多其他缺陷也被 H 中性化。缺陷和掺杂可在生长或后续冷却期间无意识地被氢中性化。重要性日益增长的 GaAs/Si 技术已从缺陷中性化效应中受益。

像硅一样，化合物半导体中的氢-杂质复合物的局域振动模式(LVM)，也通过 IR 振动谱作了详细的研究。

对Ⅳ族施主-H 复合物所提出的模型是，键合于杂质的氢在反键(AB)位置，相关的峰在 1717cm^{-1}和 410cm^{-1}。

在Ⅱ族受主-H 复合物中，有比较确定的模型是 GaAs 中的铍-氢复合物。氢处在铍原子与一个近邻砷原子之间的 BC 位置，如图 12.1 所示。该图也适用于其他Ⅱ族受主，也可应用于 InP 和 GaP。事实上，这个模型能应用于所有置换Ⅲ族原子的受主-过渡金属深级受主的情况[48]。

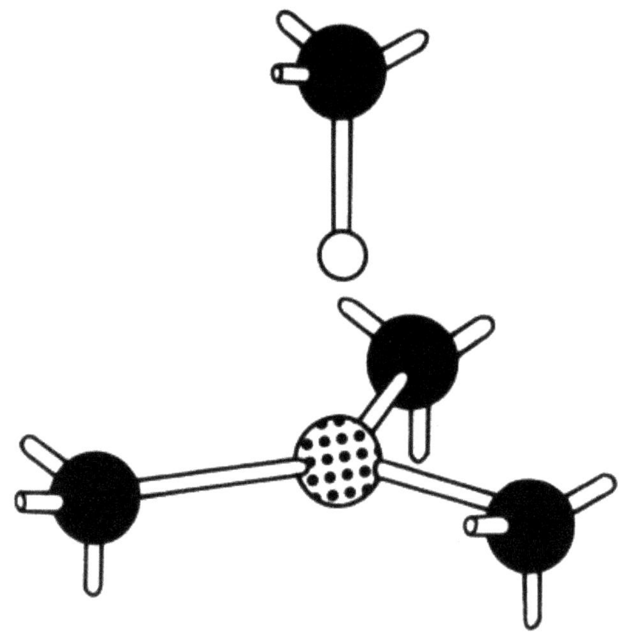

图 12.1　Ⅱ族受主-H 复合物，氢处在 BC 位置。黑球表示Ⅴ族原子，断点球表示受主原子，小白球表示氢原子(Chevallier, et al. Neutralization of Defects and Dopants[I,p498])

12.4　氢中性化与材料的缺陷类型和微结构的相关性

在硅太阳能电池中，氢的引入能钝化缺陷并改善转换效率[49–51]；已发现晶界的氢钝化的有效性依赖于晶粒边界(GB)的特征和金属沾污[52,53]。Bertoni 等[54]研究了多晶硅中氢钝化作为晶粒边界中缺陷类型和微结构的函数关系。采用激光束致电流、电子背散射衍射和 X 射线荧光显微镜等手段，分析由毫米宽裸区和 SiN_x 镀区交替条纹制备的太阳能电池氢化前后再结合活性与 GB 特征、硅化铁纳米沉淀物的密度和位错之间的相互关系。发现 GB 再结合活性与晶界上每个蚀坑的性质和密度有强烈的相关性，而与在检测极限以上的硅化铁沉淀物关系不大。

在纳米晶硅光电材料中，成键的氢对结构和缺陷密度具有显著的影响。氢化的纳米晶硅(nc-Si:H)是一种由纳米晶粒镶嵌于氢化的非晶态硅(a-Si:H)母体构成的混相材料。作为一种低价格和高效率的光伏薄膜，在制备串联电池方面有非常好的应用前景[55]。nc-Si:H 的光电性质强烈地受到氢的含量和其组键结构的影响[56]。具有伸缩模式 2033cm^{-1} 的氢化物被鉴别为在晶粒边界内小板形组构的氢化物，那是在薄膜沉积期间因 a-Si:H 的氢致晶化反应而形成的[57,58]。

Xu 等对等离子增强化学气相沉积制备的 nc-Si:H 薄膜做了详细的结构和光学的研究[59]。红外光谱研究揭示，成键的氢形成位于晶粒边界小板样组构，极大地影响氧对 nc-Si:H 薄膜的侵入；电子自旋共振观察已将这些侵入与悬挂键缺陷的引入相联系。相关地，作者提出在 nc-Si:H 薄膜中，晶粒边界上高含量的氢促使在小晶粒周围形成氢稠密的非晶态薄层，即具有良好钝化的坚实的晶粒边界结构是非常重要的；这样的结构有效地防止了沉积后晶粒边界的氧化，因为后者可能导致悬挂键缺陷的形成。

第 13 章　氢致半导体性质改变及其应用

13.1　采用调制氢化效应的面内带隙工程

在现代外延生长技术中，半导体异质结沿生长方向电学和光学性质的控制是通过逐层沉积不同化学成分和厚度来实现的；但是，不容易获得材料在生长平面内的性质的控制，因为那需要构造 0D 或 1D 纳米结构。Felici 等提出了一种新方法，即利用稀释氮化物，如 $GaAs_{1-x}N_x$/GaAs 或 $GaP_{1-x}N_x$/GaP 中的氢效应[60]。这里大约有 1/100 的 As 或 P 原子被 N 原子取代，导致母体材料的电子性质高度非线性，包括带隙的极大减小和导带结构的形变，从而使得这些材料在通信、多结太阳能电池和异质结双极晶体管方面具有潜力。

首先在 $GaAs_{1-x}N_x$ 上沉积金属遮光框，继而进行氢辐照制成面内异质结包含 $GaAs_{1-x}N_x$ 阱的带隙区域包围着 GaAs 型的势垒；再用聚焦电子束对氢化的 $GaAs_{1-x}N_x$ 表面进行扫描，以便移出氮钝化位的氢原子，结果在电子束扫描的区域实现晶体带隙可控地减小。用这种方法我们能够在小尺度甚至纳米尺度，调制半导体异质结沿生长平面的带隙，这将导致载流子量子限制效应，从而研制相应的器件。

13.2　氢致半导体表面金属化

半导体表面防止化学腐蚀的钝化，可由氢这类单价原子终止表面悬挂键来实现。通常钝化导致带隙中所有表面态的消除，因此终止于非金属表面。但是 Derycke 等报道了原子氢导致的半导体表面金属化的首次观察结果[61]。由光电、光吸收谱和扫描隧道显微镜确立的这一结果，是在 Si 终止的碳化硅(SiC)表面上，氢缀饰表面悬挂键与表面以下的氢致空间屏障之间竞争的结果。理解氢致金属化这一现象，对在微电子学中消除半导体界面中的电子缺陷，发展在高带隙化学钝化材料表面上的电接触，特别是与生物系统的链接界面，以及给出纳米机械器件中表面润滑的控制等，具有重要意义。

在原子尺度局部地控制表面的化学和电子性质，在广泛的领域(包括纳米技术、微电子学、光电子学和生物医学研究)都是关键性的工作。完全由湿化学法制备的并且在空气环境中稳定的原子平坦的，理想的 H 终止(111)表面，Si—H 键态是以远低于价带顶端(大约等于费米能级 E_F 以下−3eV)，而 Si—H 反键态是以远高于导带底部(大约等于 E_F 以上+3eV)为特征的[62]。这样大的带隙使得表面电学钝化，从而非常稳定。因此，用电子或光子解附氢时需要大的能量(＞6eV)和相对低的横截面。通过扫描隧道显微镜(STM)针尖的高压引起的局部电子导致氢解附，可有效地制备出纳米图形[63,64]。用这一方法已实现表面金属化，使之形成金属线或在纳米尺度对表面进行选择性地氧化。

第一个原子氢致表面金属化观察是在单畴立方β-SiC(100)薄膜/Si 衬底样品上，显示金属化发生于 3×2 重构的亚表面区域[61]。SiC 是一种具有先进特性的宽带半导体，在高温、高压、高频和高功率应用中优于通常的半导体材料，而且它还是现有的和潜在的医学应用中最好的生物亲和材料之一。所研究的β-SiC(100)3×2 重构表面的这类 Si 终止表面有一个重要的性质，即由 SiC 与 Si 之间极大的点阵间距失配(20%)引起的表面 Si 层内的反常应力。图 13.1(a)显示一个由这种反常应力在β-SiC(100)衬底上，经过确立长程 3×2 有序所需要的 Si 注入/退火程序后所形成的单畴结构。这是一个非同寻常和有趣的构象：上层是硅原子形成的反对称二聚物排成的行，搁在具有长短交替键长度(由掠入射 X 射线衍射所确定)的旋转二聚物(第二层)上；下面则是具有 3.8Å 表面间距的 Si 单层(第三层)，这个第三层相当于具有 c(4×2)重构的 Si 终止β-SiC(100)表面的上原子层，也具有 Si—Si 二聚物化的特征，尽管形成了沟槽的 Si 原子之间的这种作用已被大大地弱化。上述构象中仅上层二聚物有悬挂键可由氢原子来“缀饰”。

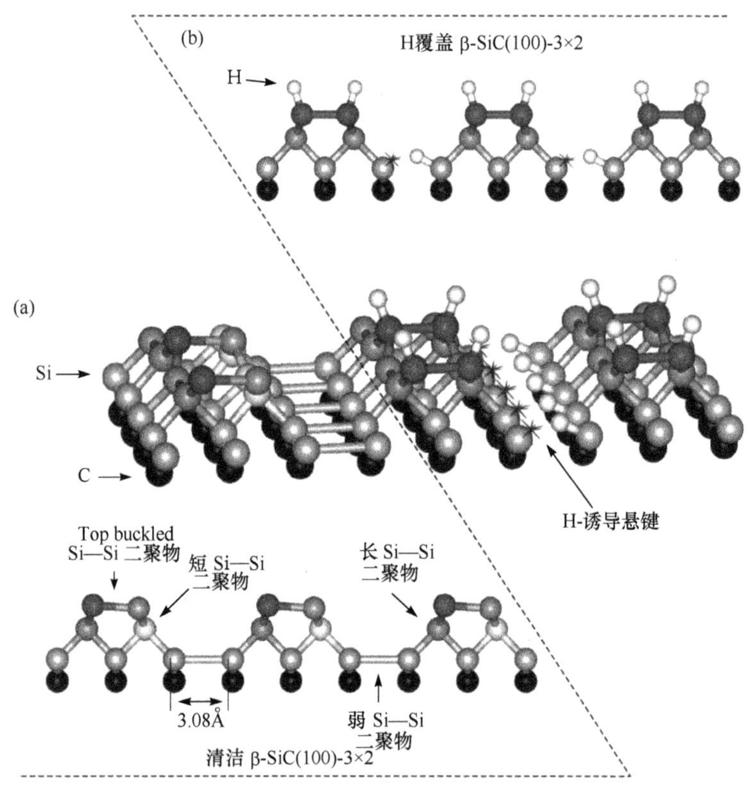

图 13.1 清洁的和氢覆盖的β-SiC(100)3×2 重构表面的原子模型，(a)清洁的，(b)H-覆盖表面。该清洁的β-SiC(100)3×2 原子结构，已经由实空间扫描隧道显微镜、理论和掠入射 X 射线衍射所确定[65,66](V. Derycke et al. *Nature Mat*. 2, 253(2003))

Derycke 等已用多种互补的方法研究了原子氢在 SiC 上的反应。扫描隧道显微镜和扫描隧道谱(STS)在压力$<8\times10^{-11}$Torr 的超高真空进

行，提供了原子分辨的形貌和电子表面结构。图 13.2(a)的扫描隧道显

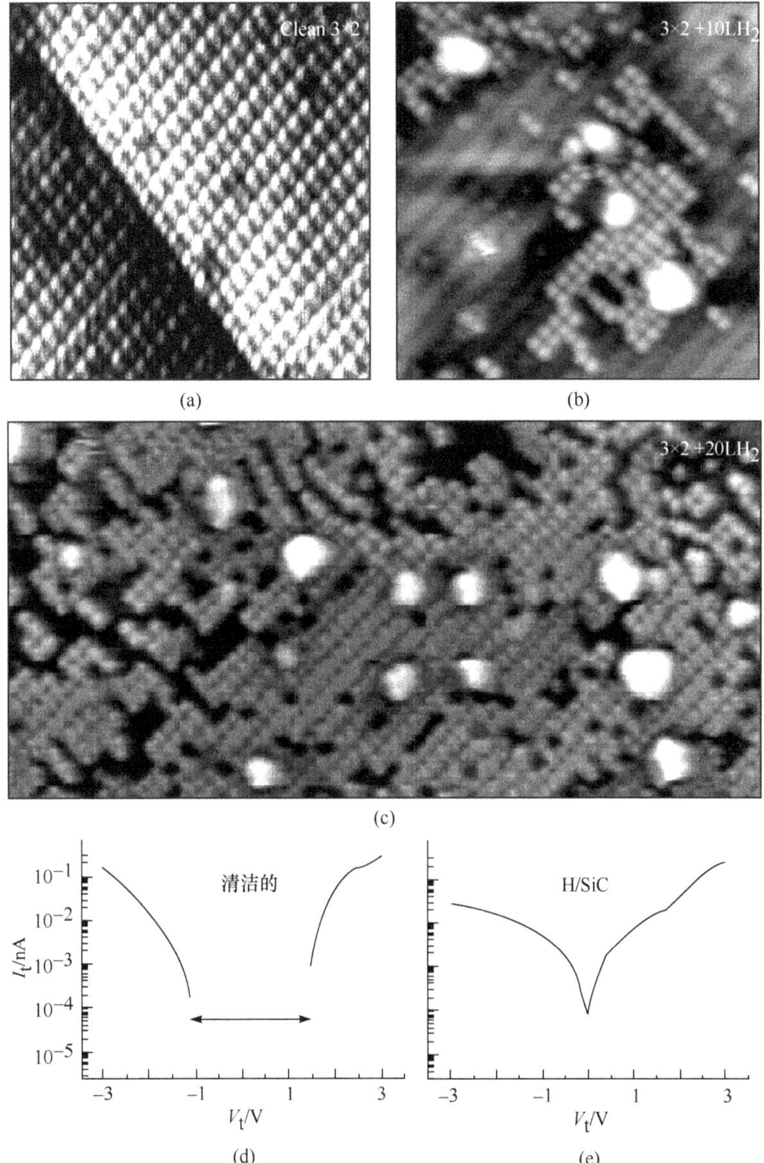

图 13.2　扫描隧道显微镜形貌和谱提供清洁的和氢覆盖的原子尺度的观察

(a)清洁的β-SiC(100) 3×2 表面(图像尺寸为 150Å×150Å)；(b)同样表面暴露于 10L H_2；(c)暴露于 20L H_2(150Å×300Å)，可以看到 H 点缀悬挂键；(d)，(e)分别是由表面通道光谱(STS)获得的清洁的和氢暴露的 β-SiC(100) 3×2 表面的电子结构(V. Derycke et al. *Nature Mat*. 2, 253(2003))

微镜形貌表明，空的电子态显示强度非对称，表明在清洁的 3×2 表面上的硅原子对(二聚物)是倾斜的(两个硅原子具有不同的高度)。当表面暴露于原子氢(10L H_2，此处 L 是朗缪尔单位=$10^{-5}S^{-1}$托)时(图 13.2(b))，孤立的亮点对出现了，而这些斑片随着氢暴露发展直到绝大部分表面被覆盖(20L H_2)(图 13.2(c))。这一发现指出，这些斑点与 H-终止硅格位结合；而且这些量点均等的强度表明这些二聚物是对称的(两个硅原子此时具有一致的高度)。上述扫描隧道显微镜形貌表明，H 吸附于上面的 Si—Si 二聚物(图 13.2(b))。更为引人注意是，从扫描隧道显微镜来看局部电子性质，随着 H 吸附明显地看到表面带隙的闭合(图 13.2(d),(e))，这个结果支持氢致半导体表面金属化的观点。

上面的观点得到其他实验进一步的支持。首先是利用第三代同步辐射光源得到的紫外发射光谱(UPS)给出充满的电子态。导带的极小值对于清洁的表面是在费米能级 E_F 以上 0.5eV，而对于 H-饱和的表面是在费米能级 E_F。因此，氢吸附导致能带弯曲，而观察到的金属化涉及导带电子。

金属态的存在及其起源的信息，还可由红外吸收光谱得出。两个非对称的吸收峰 2118cm^{-1} 和 2110cm^{-1}(强度弱的)是在垂直于包含二聚物悬挂键的表面二聚物排的平面内偏振(p 偏振)的；该偏振与上层二聚物的单杂交终端(H-Si-Si-H)相符合。进一步分析可以得出，H 吸附于第三行硅原子(参见图 13.1)。

如果形成沟槽的二聚物被破坏，则第三硅层由 H 缀饰是可能的，即在碳平面之上的亚表面区域的 Si—Si 键被破坏了，产生更多可由 H 缀饰的活性点。由于二聚物长度非常大(d_{Si-Si}=3.08Å)，可以预计原子氢插入二聚物形成 Si—H 键时，其取向垂直于该二聚物(在 p 偏振面)。但是，由于严格的空间相互作用限制仅适合一个氢原子，其结果是二聚物的另外一个硅原子留下一个未饱和的悬键。也就是说，悬键的存在是表面金属化的基本伴生物。

上述所观察到的氢致金属化，与已确立的氢起到半导体表面上一个钝化层的作用形成鲜明的对照。这个工作描述了由化学吸附与特殊原子位的空间反应相结合引起氢致表面态的形成。这个特殊的结构可能有多种用途。例如，在半导体-氧化物界面电子态最小化起关键作用，制作抗腐蚀的与生物系统链接的欧姆接触界面等。

13.3　氢致磁性半导体的磁性改变

13.3.1　磁性半导体 $Mn_{1-x}Ga_xAs$

微电子学依靠电子充电处理和存储信息。为此研发了一种新的半导体磁性或自旋器件，如自旋光发射二极管[67,68]或自旋晶体管[69]。其中稀释磁性半导体(DMS)结合了磁有序和半导体的多种性质[70]，是这种器件的关键材料。

$Mn_{1-x}Ga_xAs$ 是一种Ⅲ-Ⅴ族的 DMS。Mn 原子部分地替代 Ga 原子，不仅取得局域化磁动量，还产生了巡游空穴，因为 Mn 在 GaAs 中是一种浅受主。不管是局域化磁动量还是空穴，对 DMS 的铁磁性质都是至关重要的。$Mn_{1-x}Ga_xAs$ 这类 DMS 材料的特殊优点，是能够通过调节可移动载流子的密度来控制其铁磁性质。Goennenwein 等的工作指出[71]：引入氢电学钝化 Mn 受主并移出空穴，对巡游铁磁性质非常重要。这样的氢化使我们能够以一种不易变的方式，调控磁性半导体的铁磁性质。

$Mn_{1-x}Ga_xAs$ 薄膜是通过低温分子束外延沉积在(001)取向的半绝缘的 GaAs 晶片上。样品通过等离子体在 0.3mPa 压力下进行 168h 的氢化，期间样品保持在 170℃；选择氢的同位素氘是因为它具有低自然丰度，可以进行无背底化学分析。用二次离子质量谱(SIMS)测量等离子处理后样品的氘浓度，该文所研究的样品氘化后，薄膜中氘的浓度大约为 $10^{21}cm^{-3}$，并在误差范围内与 Mn 原子的浓度相同。图 13.3 显示样品在此浓度氢化后，$Mn_{1-x}Ga_xAs$ 薄膜的磁性质发生了极大的变化。

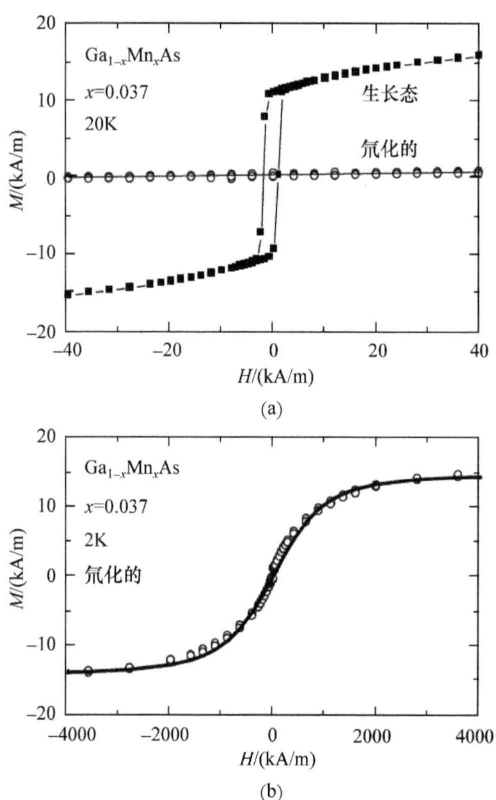

图 13.3　(a)$Ga_{0.963}Mn_{0.037}$的交流磁化 $M(H)$环，在生长态(实方块)与磁化后(空心圆)的比较；T=20K，磁场在薄膜平面内；存在于生长态的铁磁滞回线在氢化后样品中消失。(b)氢化后的样品显示顺磁磁化曲线(S. T. B. Goennenwein et al. *Phys. Rev. Lett.* 92, 227202-1(2004))

霍尔测量表明，Mn 受主被氢化以后导致空穴密度减小很多量级，使得在局域 Mn 磁动量之间的由电荷载流子中介的交换作用被去除，从而破坏了铁磁性。因此，可以通过氢或氘控制性地引入，即采用等离子过程或低能离子注入，再配合以光栅或聚焦离子束，在平面上或深度上，调节空穴密度从而影响薄膜的磁性质。受主-氢复合物在远高于生长温度以上才被分解，氢引入能进行稳定的磁光刻。这种“设计”$Mn_{1-x}Ga_xAs$ 薄膜电磁性质的新的自由度，使得一些涉及 DMS 物理的基本实验成为可能，并开辟了新的应用器件。例如，对于给定的 Mn 含量，易磁化轴的取向预期强烈地依赖于空穴浓度。一个横向的结构的氢化可能容许人们获得磁异质的，但结构均匀的薄膜。氢化的使用在一个 $Mn_{1-x}Ga_xAs$ 单层上实现铁磁-半导体或铁磁-半导体-铁磁网器件，代表另外一种感兴趣的可能性。铁磁性氢控制的概念不局限于 $Mn_{1-x}Ga_xAs$，还能应用于其他稀释磁性半导体(其中电荷载流子策动磁耦合)，包括Ⅱ-Ⅵ族半导体，例如 $Zn_{1-x}Mn_xTe$：N[72]。

13.3.2　磁性半导体 Mn_xSi_{1-x}

已知氢是Ⅳ族半导体中重要的非有意引入的杂质，并对其性质具有强烈的效应。Wang 等报道[73]，氢极大地影响 Mn_xSi_{1-x} 的性质。第一原理计算结果表明：当氢引入以后，倾向于强烈地键合于 Mn_xSi_{1-x} 中的锰离子(图 13.4)，使之发生从半金属向金属的相变，而且使得锰离子的磁矩减小。在 Mn_xSi_{1-x} 中的锰离子呈现短程反铁磁和长程铁磁相互作用；但是氢掺杂以后，锰离子的交换作用是作为锰离子之间的距离的函数，在反铁磁耦合和铁磁耦合之间振荡。

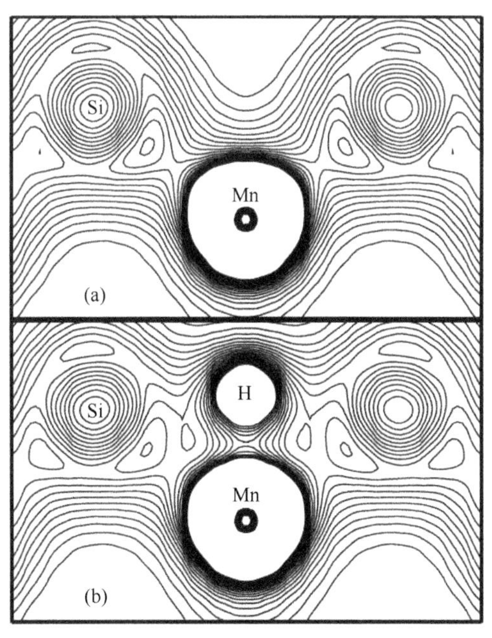

图 13.4　(110)晶面的电荷密度等值线

(a)Mn_xSi_{1-x}；(b)掺氢的 Mn_xSi_{1-x} (X. L. Wang et al. *J. Appl. Phys.* 105, 07C512(2009))

第 14 章　半导体表面的氢

14.1　氢与表面结构

在通常使用的生长技术中，包括金属有机气相沉积(MOCVD)，氢化物气相外延(HVPE)和气源分子束外延(MBE)，存在高浓度的氢。这里以 GaN 为例，表明在半导体生长中氢的重要效应。Sung 等用一些谱方法研究了金属有机物气相外延(MOVPE)生长的 GaN(000-1)表面的成分和结构，指出在表面上存在氢并且它去除表面态，促进自动补偿(即部分被占有的悬挂键被氢钝化)[74]。Bellito 等[75]采用电子能量损失谱和 LEED 演示了在 250～450℃发生的氢从 Ga 格点的解吸附作用。GaN 上面 Ga—H 振动模式分别在 1880cm^{-1} 和 1900cm^{-1}；N—H 模式在 3255cm^{-1}。Munkholm 等[76]采用实时掠入射 X 射线散射完成了一个很令人兴奋的实验，提供了在 MOCVD 生长期间表面结构的直接信息。一个作为温度和 NH_3 分压的函数的表面相图表明发生了一个两相之间的相变：在高温下，观察到一个 1×1 重构；而在较低温度和足够低的 NH_3 分压下，看到的是一个周期为 2×2－R30°的不同的重构。从相变时 p(NH_3)的温度依赖可得出激活能为(3.0±0.2)eV。

Van de Walle 等通过对 30 个以上的氢化 GaN(0001)不同的表面重构研究指出[77]: 其结构仅遵守“电子计数规律”，即所有阴离子悬键全被占有并且所有阳离子悬键全空着的那些结构，在能量上是有利的。氢有效地移除表面态并部分地补偿被占有的表面态。因此所有氢终止表面是半导体，与裸 GaN(0001)表面相反，那上面发现的是金属结构。在计算的表面能的基础上可以构造表面相图，显示在一个给定的

Ga 和 H 的化学势系列之下什么样的结构是稳定的。通过相图中显示的氢的化学势对温度和压力的依赖，可以把生长条件和结构相联系，并能解释实验所发现的相变。

14.2 半导体碳化硅亚表面氢致纳米隧道开辟

我们设计和制造低维纳米物体，如量子点、纳米线、二维原子层或三维纳米多孔系统的能力，乃至使一个表面纳米结构化，是纳米技术中关键和强制性工程步骤。最近 Soukiassian 等[78]详细地报道了在一个宽带半导体碳化硅的亚表面区域开辟纳米隧道的证据。这样一个效应是由氢/氘与本来具有压缩性应变的表面的相互作用引起的。这一发现是由 abinitio 计算，振动谱和同步辐射光发射相结合确立的。由氢/氘引起的亚表面 Si 原子的折叠成为开起纳米隧道的关键步骤。依赖于氢/氘覆盖性质，纳米隧道抑是金属或半导体；而纳米隧道内的悬挂键提供了有价值的可以捕捉原子或分子的模板。这些性质可能在电子学、化学、存储、传感器或生物技术中获得新的应用。

碳化硅具有迷人的结构，以及热力学、电子和化学性质，在高功率、高频和高温电子器件以及传感器等方面显示了优越的应用前景[79]。SiC 还具有生物兼容性，使其适合生物医药应用[80]。它还特别适合作为外延生长石墨烯的衬底，继而具有在电子学和自旋子学方面应用的潜力[81]。碳化硅存在超过 170 种晶体形态，包括立方(3C 或β)，六角和四方形式[79]。与氢和氧一起，碳和硅，包括碳化硅，是宇宙中存在的绝大多数种类，其中大约 80%是由 3C-SiC 多型所组成。立方 3C-SiC(001)表面以其原子结构和许多性质(是由表面应变/应力释放所驱动)而引起特别的关注[82]。H/D 原子与 Si 富的 3C-SiC(001)-3×2 表面重构相互作用导致表面金属化，在 13.2 节我们已经介绍过，它是半导体由 H/D 导致其金属化的首例[61]。

Soukiassian 等[78]采用高分辨电子能量损失谱(HREELS)和同步辐射光发射谱(SR-PES)结合 abinitio 计算，揭示了 3C-SiC(001)-3×2 表面因暴露于 H/D 而引起的纳米隧道开通。纳米隧道开通激活了隧道里第三层硅原子；氢原子键合于这些硅原子，使得系统从半导体向金属态转变；进一步地暴露使得系统回到半导态。

14.2.1 ab initio 模拟建立的原子结构和电子性质

由 ab initio 方法计算的 3C-SiC(001)-3×2 表面的氢化结果如图 14.1 和图 14.2 所示。从重构的 3×2 清洁表面开始，H(D)原子首先键合于图 14.1 中第一层，标记为 Si1a 和 Si1a′的 Si 原子悬挂键(已被 STM 观察到)[61]；该成键强烈地放热(3.23eV/H 原子)，其结果的结构标记为“2H 原子”，特征为悬挂键被氢饱和的对称表面二聚物，与 STM 结果完全符合[61]。在第二阶段，氢原子安置于二聚物之间的沟槽处，原子位置按能量最小化弛豫。在第二层标记为 Si2a 的 Si 原子捕捉氢原子并释放能量 1.5eV/原子。这个阶段打破了第二和第三 Si 原子之间的键(Si2a 和 Si3a)，导致一个环绕 Si2a 原子的折叠并开启纳米通道。这种安排在第三层产生激活的 Si 原子(Si3a)。Si3a 原子的未饱和键引起 0 与–1eV 之间态密度(DOS)的一个双峰，如图 14.2 中 6H 结构所示，此结构保持半导体。纳米通道的形成打开了通往第三层 Si3a 的入口，同时阻碍了通往 Si3b 原子的路径。因此，附加的 H 原子应成键于第三层 Si3a 原子的空的悬挂键，形成一种 H—Si—C 键排列，因为第三层 Si 原子成键于 C 原子。Si3a 原子的部分饱和使得费米能级处的能带部分地被填充(扫描书后二维码，参见图 14.2 中 DOS 的蓝色部分)，致使表面呈现金属态；当进一步的氢暴露使得所有 Si3a 原子的悬挂键被饱和时，表面回到半导态。

对于以上描述的原子组态的计算的振动频率，以及表面随着增加氢暴露从半导体-金属-半导体的转变顺序，与有关振动和电子性质的实验结果完全符合。

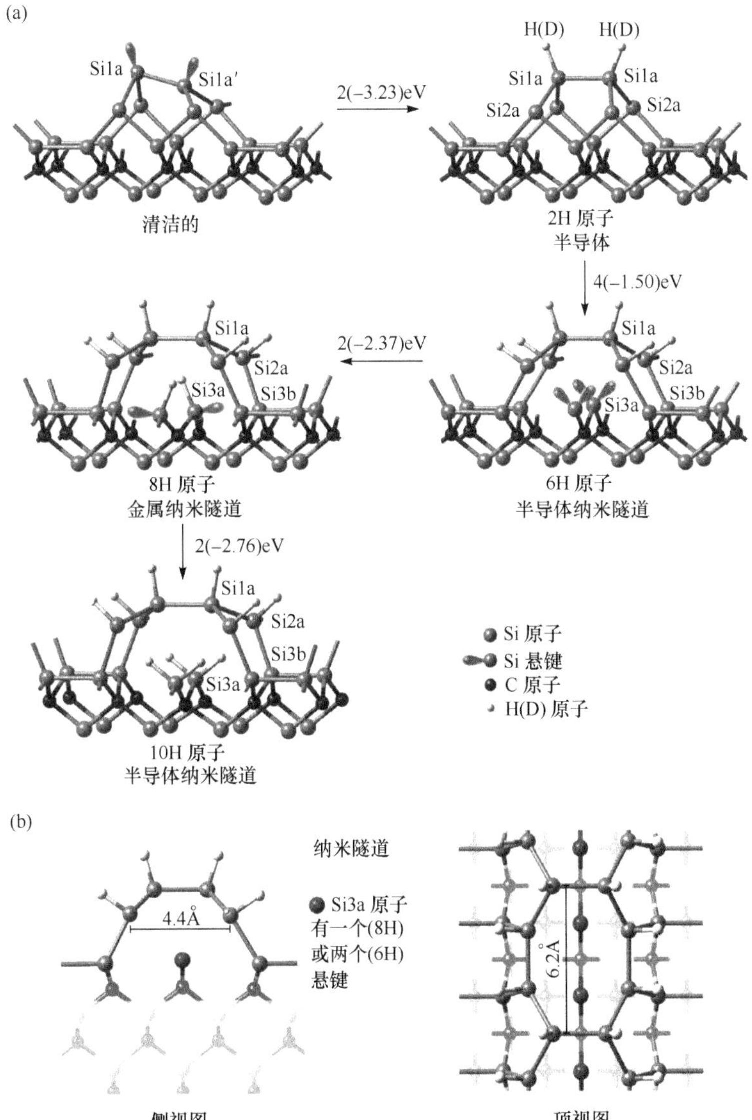

图 14.1 清洁的和 H/3C-SiC(001)-3×2 的结构与纳米隧道的视图(扫描封底二维码可看彩图)

(a)每表面二聚物氢原子分别为 2H，6H，8H 和 10H 的结构，对于 6H，8H 和 10H 可见纳米隧道开通，指出了每一阶段的能量释放量，例如，2(−3.23)eV 是指每氢原子释放 3.23eV；Si1a，Si2a 和 Si3a(b)分别是指第一、第二和第三平面的 Si 原子，硅悬键用蓝色标记；(b) 纳米隧道尺寸为 6.2Å×4.4Å(在第二层的水平)(P. Soukiassian, et al. *Nature Communications* | 4:2800 | DOI:10.1038/ncomms3800 | (2013))

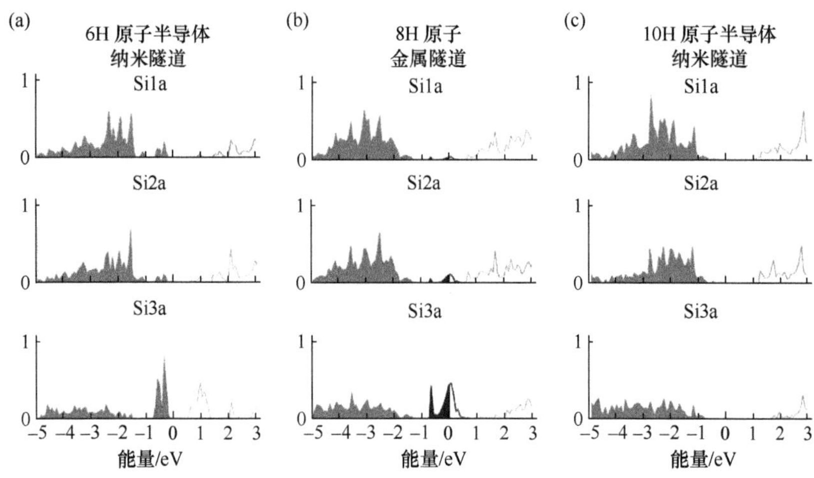

图 14.2　纳米隧道原子投影 DOS(扫描封底二维码可看彩图)

显示相应于图 14.1 表示的 6H(a)，8H(b)和 10H(c)纳米结构的原子投影 DOS；对于金属的 8H 纳米隧道(b)，我们注意到在费米能级 E_F 建立的 DOS，它主要发生在第三硅层 Si3a 原子；还注意依赖于增加氢覆盖发生的半导体-金属-半导体转变，其中对于金属结构来说，由氢引起硅悬挂键部分空置(P. Soukiassian, et al. *Nature Communications*|4:2800|DOI:10.1038/ncomms3800|(2013))

14.2.2　关于纳米隧道的性质及其应用的讨论

上述结果的核心重要性是，提供了在一个材料中通过自组织打通纳米隧道的第一个证据。这是从 H(D)原子成键于 Si2a 原子开始，引起四面体排列的反转(折叠)；如此打断了 Si2a—Si3b 键，致使 Si3a 原子被高度地活化。纳米隧道开通使得朝向 Si3a 原子的道路自由通行，附加的 H(D)形成 Si3a-H(D)键并伴随强烈的放热反应。

在这一阶段如果气氛中含有其他的反应原子，人们可能功能化这个亚表面，从而开发利用纳米隧道。制作这种具有新的一维空隙模板的半导体或金属纳米隧道的能力，提供了纳米隧道内产生的悬挂键与无机或有机分子以及金属原子之间选择性相互作用的途径。当亚表面原子折叠之后，被活化的第三层 Si 原子上面的空洞是相对大的，有 6.2Å 长和 4.4Å 宽(参见图 14.1)。因此，很多种类的原子甚至有机或无机分子能够进入或储存在纳米隧道中，例如，Cs，OH，O_2，CO，CO_2，H_2O，C_2H_2，C_2H_4，CH_4，NH，NH_2，NH_3 等，可能通过纳米隧道上面的窗口。其临界尺寸为 Si2a 和 Si3a 之间的距离 3.04Å。

实际上，已有人演示了预氧化的 3C-SiC(001)-3×2 表面可以被氢原子金属化，反过来，经氢原子金属化的 3C-SiC(001)-3×2 表面不能被氧原子去除[82,61]。这表示一个表面具有两个相反的功能化，金属化和钝化，这是一种与生物界面有强烈兴趣的性质。

另一个有趣的实验是金属原子 Ce，尽管其尺寸很大，但很容易插入石墨的表面，通过第一原子层形成碱金属插入石墨化合物[83]。Ce 和其他碱金属是非常好的氧化或氮化类的催化剂，从而可能在表面功能化方面有应用前景。

将金属原子放入，可以调节肖特基势垒的高度从而设计费米能级(E_F)的钉扎位置。确实已表明碱金属钉扎 InAs，GaAs，InP 和 GaSb 一类Ⅲ-Ⅴ族的费米能级，可使其 E_F 达到一种半导体如 Cs/InAs 的导带最小值以上的较高位置[84]。

有意思的是，注意到，已建成多孔分子有机纳米笼，它作为“主分子”能选择性地与进来的“客分子”相互作用[85]。也有工作表明，装有 H 原子的超级分子笼能够包裹分子或金属复合物[86,87]。类似地，是让分子通过纳米隧道上面的孔洞的缝隙，或从一个阶梯边缘即纳米隧道的开始或结束的地方进入纳米隧道。

我们可以设想利用纳米隧道作为插入客原子或分子的纳米陷阱。已有把像 Cs 那样大的原子甚至 C_{60} 分子(直径 7Å)插入石墨烯薄层下面的报道[88,89]。客原子的捕捉可用来调节纳米隧道的电子性质，类似于在单壁碳纳米管(SWCNT)发生的情况，插入原子的尺寸起到关键作用。SWCNT 小的内径容许碘原子插入，从而实现选择性掺杂[90]。一个石墨薄片生长或转移到纳米隧道上面(石墨烯/SiC 界面)形成了原子尺度的异质结或肖特基势垒[91]。

石墨烯层生长还可以利用微波等离子技术在低衬底温度实现(300℃)[92]，以便制造石墨烯/纳米隧道界面，而且无须从 SiC 表面或亚表面移出氢原子而引起纳米隧道损伤。不仅金属原子能够进入石墨烯层，而且无机或有机分子也能够与纳米隧道相互作用。

有大量物理和化学的方法可用于功能化这样的经氢原子变更过的 SiC 亚表面，激发起有趣的研究方向，特别是在功能化石墨烯衬底这一领域。它可冲击重要的项目，例如，电子学/自旋子学应用中感兴趣的隧道纳米结。

第 15 章　氢致半导体和复合氧化物层改性

本章讨论由氢/氦注入，结合晶片黏合致使半导体和复合氧化物层改变，从而达到在衬底上面制备高质量的单晶薄层的目的。从一个希望的衬底上经过氢注入的晶片出发，由晶片粘接和层劈裂致使薄层改性，最早是由 Bruel 在 1995 年提出[93]，这个方法叫做“智慧切割”(smart cut)或层撕裂(layer splitting)。虽然现已商用于硅/绝缘体晶片[94]，但对于砷化镓等化合物半导体和其他复杂氧化物，如磁性石榴石和铁电晶体等，结果如何依赖于具体的氢注入等工艺条件[95–97]。单晶氧化物材料层劈裂的可用性打开了设计和制造超导体/半导体和铁电体/半导体相结合的新材料的大门。

15.1　H/He 注入致层改性过程的基本性质

层撕裂的具体过程是这样的：首先将氢注入单晶片(器件晶片)，接着将注入的器件层与一个把手晶片在室温下粘在一起并进行低温退火用以增加黏接强度；然后高温退火以使注入层从器件晶片分离。整个过程如图 15.1 所示。

这期间发生了以下基本事件：注入期间氢轰击母体原子产生空穴和间隙原子(弗兰克尔对)，把它记为 X；继续注入产生 X—H 复合物，除此之外还沿{100}和{111}形成氢小板，它们在有限的面积内分割了母体内 H-终端的相邻晶面。我们已经在第 5 章讲过氢小板的形成机理。退火期间氢从 X—H 复合物中分离出来并扩散到小板内形成氢分子，继而导致晶体内压力的增加和微裂缝的形成。已证明小板的产生是撕

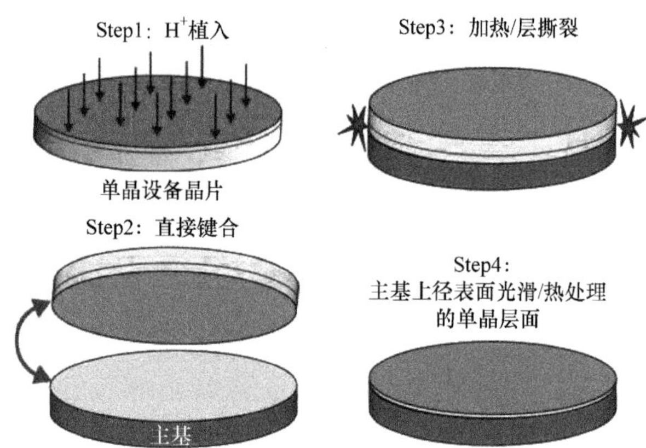

图 15.1　由离子注入和晶片黏接使层改性方法的示意图(I. Radu. Ph. D Thesis,Layer transfer of semiconductors and complex oxides by helium and/or hydrogen implantation and wafer bonding. (2004))

裂过程的本质。当氢原子扩散进入小板形成氢分子时，氢小板是作为微裂缝形成的成核点。经过足够长时间退火，微裂缝内的压力足够大使得裂缝侧向地扩展。当微裂缝在相同平面结合在一起就会发生劈裂。只要注入的氢流超过一定的临界值，粘在把手晶片上的氢注入层从接近于氢贯穿深度劈开。通常施加另一次高温退火，进一步增加黏合强度并移出剩余的氢及相关缺陷。劈开表面经过短暂的化学和机械抛光去除几百埃，最后得到光滑表面，表面微粗糙度为 1.5Å，厚度变化为 50Å 左右。

注入引致层劈裂有很多优点。首先是离子注入能控制注入深度(决定改性层的厚度)，从而能保证改性层高度的厚度均匀性。其次是器件晶片可以再利用，这对于 SiC 这类昂贵的材料是非常重要的。可以改性这个材料的很多薄层于合适的非贵重的衬底上(在 SiC 的情形，非贵重的衬底可以是多晶 SiC，也可以是单晶硅)。2012 年 Andrew Coass 在 *Digital Trends* 中报道，一种新型薄的太阳能电池，其材料是采用氢离子加速器制造 20μm 厚的硅片(原来是 200μm 厚)，其阳光转换为电的效率至少与 200μm 厚的元件相当，从而有效地降低了成本。这里制造薄片的方法就是基于上述原理。

15.2　化合物半导体和氧化物材料的层劈裂

Radu 等的工作指出[95]，砷化镓和一些氧化物与硅材料相比，温度窗口比较窄，所以在注入阶段需要注意束线的加热效应。氢和氦注入引起小板的产生，其过程依赖于注入条件(温度、密度和能量)，还依赖于注入晶片的热处理。$NeLiO_3$ 的层劈裂只能由氦注入得到，而 $LaAlO_3$ 的层劈裂只能由氢注入完成。这可能归因于粒子(氢或氦)与母体原子不同的反应机制。除了注入和退火条件的优化，还需要特别关注晶片黏接程序，以便获得无孔洞的界面和足够的黏合强度。这里不进一步叙述关于层劈裂工艺方面的探索。

第三篇参考文献

[1] Stavola M. Acta Physica Polomica A, 82 (1992) 585.
[2] Pankove J I, Zanzucchi P J, Magee C W, Lucovsky G. Appl. Phys. Lett., 46 (1985) 421.
[3] Pajot B, Jalil A, Chvallier J, Azoulay R. Semicond. Sci. Technol., 2 (1987) 305.
[4] Nandhra P S, et al. Semicond. Sci. Technol., 3 (1988) 356.
[5] Bergman K, Stavola M, Pearton S J. J. Lopata, 37 (1988) 2770.
[6] Kamiura Y, Okashita T, Hashimoto F. Mater. Sci. Forum., 143-7 (1994) 921.
[7] Bohne D J, Weber J. Phys. Rev. B, 47 (1993)4037.
[8] Höhne M, et al. Mater. Sci. Forum., 143-7 (1994) 1659.
[9] Sadoh T, et al. Mater. Sci. Forum., 143-7 (1994) 939.
[10] Terreault B, et al. Phys. Status. Solidi A, 204(2007)2129.
[11] Reboh S, et al. Appl. Phys. Lett., 93(2008)022106.
[12] Cerofolini G F, et al. Mat. Sci. Eng. Reports, 27(2000) 1.
[13] Van de Walle C G. Phys. Rev. B, 49(7)(1994)4579.
[14] Morris A J, et al. Phys. Rev. B, 78(2008)184102.
[15] Estreicher S K, Roberson M A, Maric D M. Phys. Rev. B, 50(23)(1994)17018.
[16] Van Wieringen A, Warmoltz N. Physica, 22(1956) 849.
[17] Reboredo F A, Ferconi M, Pantelides S T. Phys. Rev. Lett., 82(24)(1999) 4870.
[18] Pizzagalli L. Journal of Physics: Condensed Matter, Institue of Physics: Hydrid Open Access, 22(2009)035803.
[19] Pankov J I, Carlson D E, Berkerheiser J E, Wance R O. Phys. Rev. Lett., 51 (1983) 2224.
[20] Johnson N M. Phys. Rev. B, 31 (1985) 5525.
[21] Johnson N M, Herring C, Chadi D J. Phys. Rev. Lett., 56 (1986) 769.
[22] Chevallier J, Dautremont-Smirh W C, Tu C W, Pearton S J. Appl. Phys. Lett., 47 (1985) 108.
[23] Johnson N M, Burnham R D, Street R A, Thornton R L. Phys. Rev. B, 33 (1986) 1102.
[24] Johnson N M, Hahn S K. Appl. Phys. Lett., 48 (1986) 709.
[25] Oehrlein G S. J. Appl. Phys., 59 (1986) 3053.
[26] Watanabe M O, Taguchi M, Kanzaki K, Zohta Y. Jpn. J. Appl. Phys., 22 (1983) 281.
[27] Hwang J M, Schroder D K, Biter W J. J. Appl. Phys., 57 (1985) 5275.
[28] Johnson N M, Ponce F A, Street R A, Nemanich J. Phy. Rev. B, 35(1987)4166.
[29] Nastasi M, et al. Appl. Phys. Lett., 86 (2005) 154102.
[30] Höchbauer T, Misra A, Nastasi M, Mayer J W. J. Appl. Phys., 89 (2001)5980.
[31] Zheng Y, et al. J. Appl. Phys., 89 (2001) 2972.
[32]Höchbau T, et al. Nucl. Instrum. Methods. Phys. Res. B, 175-177 (2001) 169.

[33] Reboredo F A, Ferconi M, Peantelides S T. Phys. Rev. Lett., 82 (1999) 4870.
[34] Stavola M. Acta Physica Polonica A, 82 (1992) 585.
[35] Weber J. Physica Status Solidi (c), 5 (2008)535.
[36] Sah S, et al. Appl. Phys. Lett., 43 (1983) 204; see also: Sah S, et al. Appl. Phys. Lett., 43 (1983) 692.
[37] Pankove J I, et al. Phys. Rev. Lett., 51(1983)2224.
[38] Deleo G G. Physica B, 170 (1991)298.
[39] Van de Walle C G, et al. Phys. Rev. B, 39 (1989) 10791.
[40] Briddon P R, Jones R. Phys. Rev. Lett., 64 (1990)2536.
[41] Bonapasda A. Phys. Rev. B, 48 (1993) 8771.
[42] Detenneer P J H, Van de Walle C G, Pantelides S T. Phys. Rev. B, 41 (1990) 3885.
[43] Zhang S B, Chadi D J. Phys. Rev. B, 41 (1990)3882.
[44] Corbett J W, Peak D, Pearton S T, Sganga A. Hydrogen in Dosordered and Ammorphous Solids. Bambakadis G, Bowman Jr R C. New York: Plenum Press.
[45] Pankove J I. Neutralization of Shallow Acceptors in Silicon, in [I, p91].
[46] Johnson N M. Neutralization of Donor Dopants and Formation of Hydrogen-Induced Defects in n-Type Silicon in [I, p113].
[47] Chevallier J, Clerjaud B, Pajot B. Neutralization of Defects and Dopants in III-V Semiconductors, in [I, p447].
[48] Clerjaud B, Côte D, Haud C. Phys. Rev. Lett., 58 (1987) 1755.
[49] Martinuzzi S, P é richaud I, Warchol F. Solar Energy Materials and Solar Cells, 80 (2003) 343.
[50] Hanoka J I, Seager C H, Sharp D J, Panitz J K G. Appl. Phys. Lett., 42 (1983) 618.
[51] Geiger P, Kragler G, Hahn G, Fath P. Solar Energy Materials and Solar Cells, 85 (2005) 559.
[52] Chen J, Yang D, Xi Z, Sekiguchi T. Physica B: Condenced Matter, 364 (2005) 162.
[53] Geerligs L J, et al. Journal of Applied Physics, 102 (2007) 093702.
[54] Bertoni M I, et al. Progress in Photovoltaics: Research and Applications, 19 (2001) 187.
[55] Funde A M, et al. Sol. Energy Mater. Sol. Cells, 92 (2008) 1217.
[56] Yang J, Yan B, Guha S. Thin Solid Films, 487 (2005) 162.
[57] Smets A H, Kessels W M M, van de Sanden M C M. Appl. Phys. Lett., 82 (2003) 1547.
[58] Agarwal S, et al. J. Vac. Sci. Technol. B, 22 (2004) 2719.
[59] Xu L, Li Z P, Wen C, Shen W Z. Journal of Applied Physics, 110 (2011) 064315.
[60] Felici M, et al. Advanced Materials, 18 (2006) 193.
[61] Derycke V, et al. Nature Materials, 2 (2003) 253.
[62] Recker R S, Higashi G S, Chbal Y J, Becker A J. Phys. Rev. Lett., 65 (2006) 1917.
[63] Foley E T, Kam A F, Leding J W, Avouris P. Phys. Rev. Lett., 80 (1998) 1336.
[64] Shen T C, et al. Sciences, 268 (1995) 1590.
[65] Semond F, et al. Phys. Rev. Lett., 77 (1997) 2013.
[66] Lu W, Krüger P, Pollmann J. Phys. Rev. B, 60 (1998) 2495.
[67] Fiedrling R, et al. Nature, 402 (1999) 787.
[68] Ohno Y, et al. Nature, 402 (1999) 790.

[69] Datta S, Das B. Appl. Phys. Lett., 56 (1990) 665.
[70] Munekata H, et al. Phys. Rev. Lett., 67 (1989) 1849.
[71] Goennenwein S T B, et al. Phys. Rev. Lett., 92 (2004) 227202.
[72] Ferrand D, et al. Phys. Rev. B, 63 (2001) 16120.
[73] Wang X L, Ni M Y, Zeng Z, Lin H Q. J. Appl. Phys., 105 (2009) 07C512.
[74] Sung M M, et al. Phys. Rev. B, 54 (1996) 14652.
[75] Bellito V J, et al. Surf. Sci., 422, L1019 (1999) 23.
[76] Munkholm A, et al. Phys. Rev. Lett., 83 (1999)741.
[77] Van de Walle C G. J. Neugebauer, Phys. Rev. Lett., 88 (2002)066103.
[78] Soukiassian P, et al. Nature Communications, 4(2013)2800.
[79] Lebedev A, et al. Silicon Carbide and Related Materials 2012. Mat. Sci. For., 740-742 (2013) 1-1149.
[80] Yakimova R, et al. J. Phys. D: Appl. Phys., 40 (2007) 6434-6442.
[81] Dlubak B, et al. Nat. Phys., 8 (2012) 557-561.
[82] Soukiassian P G, Enriquez H B. J. Phys. Cond. Mat., 16 (2004) S1611.
[83] Dresselhaus M S, Dresselhaus G. Adv. Phys., 51 (2002) 1.
[84] Aristov V Y. et al. Europhys. Lett., 26 (1994) 359.
[85] Mitra T, et al. Nat. Chem., 5 (2013) 276.
[86] Lauher J W. Science, 333 (2011) 415.
[87] Liu Y, Hu C, Comotti A, Ward M D. Science, 333 (2011) 436.
[88] Rut ´ kov E R, Gall N R. JETP Lett., 88 (2008) 268.
[89] Rut ´ kov E R, Tontegode A Y, Usufov M M. Phys. Rev. Lett., 74 (1995) 758.
[90] Grigorian L, et al. Nanotechnology, 18 (2007) 435705.
[91] Kang J, Shin D, Bae S, Hee H. Nanoscale, 4 (2012) 5527.
[92] Yamada T, Kim J, Ishihara M, Hasegawa M. J. Phys. D: Appl. Phys., 46 (2013) 063001.
[93] Bruel M, et al. International SOI Conference Proceeding, 178-179, New York, USA, 1995.
[94] Auberbon-Herve A J, Burel M. World Scientific International. Journal of High Speed Electronics, 10 (2000) 131.
[95] Radu I. Ph. D Thesis, Layer transfer of semiconductors and complex oxides by helium and/or hydrogen implantation and wafer bonding. 2004.
[96] Radu I. Appl. Phys. Lett., 82 (2003) 2431.
[97] Radu I. Mat. Res. Symp. Proc., 748 (2002) 1-6.